U0151481

不一样的
葡萄酒全书

DIFFERENT
WINE BOOK

秦岭　编著

中国轻工业出版社

图书在版编目（CIP）数据

不一样的葡萄酒全书 / 秦岭编著 . — 北京：中国轻工业出版社，2020.1

ISBN 978-7-5184-2626-3

Ⅰ . ①不… Ⅱ . ①秦… Ⅲ . ①葡萄酒 – 基本知识 Ⅳ . ① TS262.6

中国版本图书馆 CIP 数据核字（2019）第 177671 号

责任编辑：翟　燕　孙苍愚　责任终审：张乃柬　整体设计：锋尚设计
策划编辑：翟　燕　责任监印：张京华

出版发行：中国轻工业出版社（北京东长安街6号，邮编：100740）
印　　刷：北京博海升彩色印刷有限公司
经　　销：各地新华书店
版　　次：2020年1月第1版第1次印刷
开　　本：720×1000　1/16　印张：16
字　　数：200千字
书　　号：ISBN 978-7-5184-2626-3　定价：68.00元
邮购电话：010-65241695
发行电话：010-85119835　传真：85113293
网　　址：http://www.chlip.com.cn
Email：club@chlip.com.cn

屈 星
中国葡萄酒资讯网
CEO

葡萄酒——这一流芳几千年，深获全世界亿万大众喜爱的产品，以其深厚的文化底蕴、丰富的内涵、多姿多彩的形态、千变万化的风味、繁复如星的品种，深深吸引着世界各地的人们。

20世纪90年代，秦岭远渡重洋来到世界知名的葡萄酒产区——澳大利亚的阿德莱德，学习葡萄酒知识。她毕业回国后做过葡萄酒教育、葡萄酒市场推广、葡萄酒网络媒体编辑等工作，积累了丰富的知识和经验，从一个对葡萄酒一无所知的青年变成了热爱葡萄酒、致力于葡萄酒文化推广的专业人士。

在中国葡萄酒市场飞速发展的今天，越来越多的人被葡萄酒吸引。作为葡萄酒爱好者和消费者，对葡萄酒了解得越多，就越能欣赏和感受到葡萄酒的魅力，而越感受它的多姿多彩，就越能成为一个理智的消费者和聪明的买家。作为从事葡萄酒行业的人员，对葡萄酒知识了解得越多，就越能为胜任工作打下坚实的基础，越能用葡萄酒（这个"世界第二大语言"）与客户、同行、同事分享和交流。

希望本书能引领读者遨游浩瀚的葡萄酒世界，通过葡萄酒——这一上天赐予人类的"生命之水"，来收获情感、收获愉悦、收获健康、收获友情、收获浪漫、收获成功！我想，这应该也是作者所期待的。

序 二
PREFACE Ⅱ

秦岭是我在葡萄酒行业中认识的少有的既有扎实专业水平，又颇具写作才气的女性。

秦岭女士与我因葡萄酒结缘，她身上既有东北人的热情和正义感，又有自带幽默效果的说话方式，是一位非常优秀的葡萄酒讲师。

中国的葡萄酒消费市场正从初级的混沌状态向成熟飞速迈进，消费者开始受到越来越多葡萄酒"知识"的狂轰滥炸，其中不乏一些真假难辨的信息。

目前市场鱼龙混杂、资讯真假难辨，更需要有更多的从业者站出来，告诉消费者葡萄酒是什么，该如何选择葡萄酒、享用葡萄酒。

希望秦岭女士的这本书能让更多的葡萄酒爱好者和消费者了解葡萄酒、爱上葡萄酒，帮助中国葡萄酒市场更快速、健康地成长！

历彦刚
英国葡萄酒与烈酒
教育基金会四级
（WSET Diploma）
品酒师认证课程在读

秦岭

　　我虽然学的是葡萄酒市场营销专业，但我更愿意把自己定位为一个葡萄酒爱好者，而不是专业人士。当自己是广大葡萄酒消费者、爱好者中的一员时，我才更清楚大家感兴趣的东西。所以有了写这本书的想法，就写写大家想了解的内容。

　　我觉得葡萄酒是一种语言，当你生命中有了葡萄酒，就相当于你的生活中多了一种语言。

　　葡萄酒不是奢侈品，我们常见的奢侈品是品牌价格高于产品成本百倍的商品。我认为葡萄酒最多是艺术品，它永远是物有所值或是物超所值的。奢侈品是仅供小部分人享受和拥有的，而葡萄酒是所有人都可以享用的！

　　葡萄酒是你可以仰望、欣赏、探索、触摸的……却很难了解它的全部。

　　葡萄酒沉醉，醉得浪漫、醉得悠然、醉得舒坦，醉倒之后还依旧让你有断续的清醒，让你体会、享受这种醉，你醉了，但醉得美丽，醉得爱不释手！

　　人生中你可能会错过很多美好，但请不要错过品尝葡萄酒的美好。你可以把葡萄酒当作你的恋人，它一定忠诚地陪你走完这一生！

　　最后，本书要特别感谢葡萄酒资讯网首席执行官（CEO）屈星为本书写序，还费心收集、提供了很多照片；感谢远在澳大利亚的朱莉（Julie）特别去酒庄拍摄图片；感谢深圳市威苏威精品酒业的邓先生提供的图片和鸡尾酒调制配方。

　　葡萄酒侦探社是我们运营的葡萄酒微信平台，欢迎广大葡萄酒爱好者关注并与我交流。

葡萄酒侦探社

目录
CONTENTS

第四章
葡萄酒文化

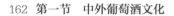

第五章
葡萄酒市场

第六章
时尚的葡萄酒

第一章

葡萄酒是什么

　　葡萄酒被人们称之为有生命的物体，男人们特别喜欢将葡萄酒比作各种各样的女人。虽然我不喜欢将葡萄酒比作女人，但是葡萄酒的确有着似人之处，它有性格、变化、生命……

第一节

葡萄酒是个什么东西

大家都知道葡萄酒是一种含酒精的饮品，但在西方国家，有些人会将葡萄酒列为食品的一部分，认为葡萄酒与吃饭是不可分割的。所以，江湖中有这样的说法："一顿没有葡萄酒的晚餐，就好像一个没有接吻的拥抱。"

至于葡萄酒是个什么东西，就从一个传说和一句史料开始讲起吧。

传说很久以前有一位国王，非常喜欢吃葡萄。有一年，他把吃剩下的葡萄放到罐子里密封保存起来，想吃的时候就来拿点，可是又担心别人看到了会偷吃他的葡萄，于是就用墨水在罐子上写下了"毒药"两个字。过了一段时间，有一位嫔妃因长期受到国王的冷落，感到生活无趣，想要结束自己的生命，刚好看到了这罐"毒药"，便打开来想要服毒自尽。由于葡萄在储藏的过程中已经自然发酵变成了葡萄酒，这位嫔妃喝了之后不仅没有死，还觉得甘美无比，心情愉悦，于是她决定献给国王。国王喝后大喜，开始重新宠爱这位嫔妃，还传令下去用此方法酿制葡萄酒。

　　我国史料记载，在东汉时期葡萄酒还是非常珍贵的，其珍贵的程度，可以从宋代著作《太平御览》中的一句话看得出。《太平御览》卷972引《续汉书》云："扶风孟佗以葡萄酒一斗遗张让，即以为凉州刺史。"足见那时葡萄酒的珍贵，将此句用现代汉语翻译过来就是：用一箱葡萄酒，换一个省长的宝座！

　　如今无论是国产葡萄酒还是进口葡萄酒，大家都已司空见惯了，但是它浓郁的香气、丰富的口感、多变的"个性"、甘美的回味和对人体的保健作用却从未改变。所以，再有人问葡萄酒是个什么东西，可以回答"葡萄酒是个好东西！"

葡萄酒的起源与发展

　　当葡萄成熟、落地、破碎、自然发酵产生酒精时，葡萄酒就已经出现了，它甚至不需要多少人为因素。任何地方的人，只要种植葡萄，都可能有意无意地"酿造"出葡萄酒，所以，如果真的设个奖去寻找葡萄酒起源的地方，怕是会有无数个国家要抢破头了。我们只能根据文献记载和有据可查的内容勾画出葡萄酒的大致历史。

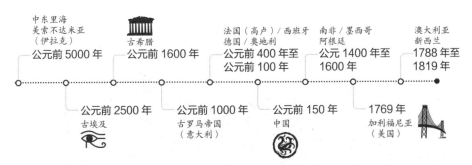

各国家和地区发现最早记载葡萄酒历史的时间轴

　　早在公元前5000年左右，人类就已经开始饮用葡萄酒了，从时间轴上可以看到，葡萄酒由美索不达米亚（现在中东伊拉克）传到古埃及、古希腊，再到古罗马（如今的意大利），之后才传入法国、西班牙、德国等现在所说的"旧世界"葡萄酒国家（简称"旧世界"国家）。

　　虽然，葡萄酒究竟起源于哪个国家和地区已经无从考证了，但我们还是可以在历史发展的长河中扎扎实实地看到葡萄酒在各个时期留下的不可磨灭的痕迹。比如《圣经》中521次提到葡萄酒，耶稣曾对12门徒说："喝葡萄酒可以平静你的心灵，让你安详。"耶稣在最后的晚宴上说："面包是我的肉，葡萄酒是我的血。"也因此出现了"葡萄酒乃基督之血"的说法。

再比如在埃及古墓中的浮雕上，清清楚楚地描绘了古埃及人种植、采集葡萄，酿酒和饮用葡萄酒的场景，确切地记录了他们当时酿酒的技术工艺。浮雕中工人们把葡萄摘下来，用脚踩碎葡萄，把葡萄汁灌到陶罐中，用泥土封口，在瓶口处留下小孔，最后用黏土封上。

这无疑是一套完整的酿酒工艺，从采摘、碾碎，再转移至陶罐发酵，并且知道留小孔排放发酵生成的二氧化碳，发酵结束后，再封好陈放。可见那时古埃及人已经完全掌握了酿酒技术，也能反映出葡萄酒在古埃及文化中重要的地位。有意思的是，壁画中几次出现人物呕吐、醉倒、被仆人抬走的画面。

古埃及时期，葡萄酒是一种珍品，为皇室成员所饮用，并且因其珍贵而被作为法老的陪葬。曾有新闻报道埃及法老图坦卡蒙古墓发现了红酒罐子，报道中写到图坦卡蒙坟墓中摆放了26罐葡萄酒，并且罐子上还刻着酒的酿造年份、出处、来源和制造商名字等信息，可见当时古埃及的葡萄酒酿造已经非常规范了。

　　随后，葡萄酒传到了古希腊，那时的葡萄酒对于古希腊人来说犹如当下的葡萄酒对于法国人一般，不仅在希腊人生活中有着重要的地位，还产生了有法可依的规范。虽然葡萄酒发源地是哪里众说纷纭，但葡萄酒法规是诞生在古希腊的，古希腊是第一个用法律的形式来规定生产与经营葡萄酒的国家，可以说古希腊人将葡萄酒视为人类智慧的源泉。有趣的是，在古希腊时期，葡萄酒和神学总是纠缠在一起，比如葡萄酒经常出现在希腊神话中，甚至有"酒神"这个头衔。人们不明白为什么喝了酒，头会晕，精神状态会被改变，是因为这液体中有一种神吗？喝了葡萄酒就等于喝进了某一个神仙？

　　不仅如此，古希腊人出远门也不忘将自己钟爱的葡萄酒随身携带，所以葡萄酒随着古希腊人的足迹先是传到了现在的意大利地区，随后又带到了现在的法国、西班牙、德国等地。虽然这些被古希腊"提携"过的"后进生"如今已是扬名全球的葡萄酒生产国，且名气远胜过他们的"师傅"，但至今为止，希腊依旧出品顶级品质的葡萄酒，我们可以买到香气馥郁，口感醇厚的希腊高端葡萄酒。

　　进入公元元年之后，葡萄酒通过大航海时代陆续传到了现在的南非、美国和澳大利亚等"新世界"葡萄酒国家（简称"新世界"国家）。"新世界"葡萄酒生产国虽然历史短暂，但它们是站在巨人的肩膀上，迅速进入了葡萄酒生产大国的行列。并且由于气候的原因，那些原本在欧洲濒临绝种或毫无建树的葡萄品种在"新世界"国家能得以完美展现，酿造出更具特色的葡萄酒。从某种意义上来说，"新世界"葡萄酒生产国，不仅仅挽救了那些不被欧洲重视的葡萄品种，更给葡萄酒爱好者们提供了更多的选择，让葡萄酒世界更多样化了。

中国葡萄酒成长史 ▶━┥

　　说过了国外葡萄酒的起源与发展，回来说说我们中国的。在葡萄酒世界，中国是一个很难界定的国家，你无法说它是"新世界"国家，因为它的酿酒历史甚至可能超过法国，但也不能说是"旧世界"国家，因为中国蒸馏酒的地位较高，葡萄酒一直没能得以完善的发展。所以一些西方国家，描述到中国葡萄酒时，用的是"开始崭露头角"。其实这么说也没错，在葡萄酒世界中，中国确实是崭露头角，但这一露就不是一小角，而是一大角。

　　谁都不能否认，近30年来，中国葡萄酒事业的发展与中国楼市一样迅速，所以很多人都误认为中国的葡萄酒不过是近百年才有的。我个人认为，中国身为四大文明古国之一，根据《诗经》中的描述，我国在殷商时代（公元前1600年至公元前1046年）就已经开始采集并食用各种野葡萄了。既然那么早就开始食用葡萄，那么发现葡萄酒也不会是太晚的事情，只不过可能那个时候没有形成规模，没人记载罢了。有报道在河南的古墓中出土的距今已有3000多年历史的密封铜卣（古代盛酒器）中发现了葡萄酒，但因为年代太过久远，已经无法辨认出葡萄酒的品种，而史料上也没有当时关于葡萄酒的任何记载，所以中国酿造葡萄酒的历史还是无据可查。但是依照葡萄酒历史坐标轴的时间来看，3000年前正是葡萄酒传到古罗马（意大利）的时候，如果按照这个时间来算，中国的葡萄酒历史，比法国还要悠久。

　　中国有据可查的关于葡萄酒的记载是在公元前126年，张骞出使西域带回了葡萄种植和酿酒技术，并开始在中国有规模地使用。历史上我国西部一直都是葡萄种植的重要产地，《吐鲁番出土文书》中记载了公元4世纪至8世纪吐鲁番地区葡萄园种植、经营、租让和葡萄酒买卖的情况，直到现在为止，新疆依旧是我国葡萄的重要产地。葡萄酒产业其实在我国历史中一直是良性发展，从皇室慢慢到民间，曾经也算是比较盛行的产业，我国古代不少历史文献中都出现过有关葡萄酒的记载，不少诗词中都出现过葡萄酒的字眼，也有不少历史名人都是葡萄酒的忠实粉丝。

　　然而到了明清时期，尤其是到了清朝后期，中国葡萄酒产业出现了转折，蒸馏酒技术在民间悄然流行起来。烈性酒越来越受到人们的喜爱，而葡萄酒日渐没

历史文献中有关葡萄酒的记载

蒲萄酒，金叵罗，吴姬十五细马驮。

——李白《对酒》

野田生葡萄，缠绕一枝高……酿之成美酒，令人饮不足。为君持一斗，往取凉州牧。

——刘禹锡《蒲萄歌》

中国珍果甚多，切复说蒲萄……又酿为酒，甘于鞠蘖，善醉而易醒，道之固已流涎咽唾……

——曹丕《诏群医》

葡萄酒暖腰肾，驻颜色，耐寒。

——李时珍《本草纲目》

葡萄美酒夜光杯，欲饮琵琶马上催。醉卧沙场君莫笑，古来征战几人回？

——王翰《凉州词》

落，逐渐被人遗忘。直到近些年来，进口葡萄酒如千军万马奔腾而来，葡萄酒才又一次进入到人们的眼帘，而这次却是以舶来品的身份出现。就算我国还有着生产葡萄酒的百年老店，然而与"旧世界"国家动辄上千年历史的酒庄比起来，中国酒庄的历史，显然无法代表中国葡萄酒的历史。

白酒兴起之后，一直占据我国酒品市场的主体，并被称为国酒。但在1987年，我国对酒类发展方向提出了逐步实现四个转变的要求：高度酒向低度酒转变；蒸馏酒向发酵酒转变；粮食酒向果酒转变；普通酒向优质酒转变。其中，先不论葡萄酒算不算是优质酒，就前边三样低度酒、发酵酒和果酒来说，葡萄酒全占。到了1995年，国家23部委联合提出"今后公宴不喝白酒改喝果酒"的倡导。而葡萄酒有益健康、美容养颜的说法也逐渐在社会上流传开来，这时葡萄酒才开始逐渐成为大众饮酒时的选择。

葡萄酒的定义

> 葡萄酒是世界上最文明的产物之一，同时也是能为人们带来最完美享受的自然产物之一。
>
> ——海明威

海明威的这句话是从文学角度上描述的葡萄酒，从科学角度上来讲，根据国际葡萄与葡萄酒组织（OIV）的规定（1996年），葡萄酒只能是破碎或未破碎的新鲜葡萄果实或葡萄汁经完全或部分酒精发酵后获得的饮料，其酒精度不能低于8.5度。但实际上有4.5~8度的葡萄酒，一些半干、半甜或者甜型的葡萄酒，会选择在发酵过程中终止发酵，从而得到较高的剩余糖分，以及较低的酒精度数。所以，现在再讲定义的时间，一般不会强调酒精一定低于某个度数。简单一点说，葡萄酒就是由葡萄汁中的糖分发酵转化成酒精后的饮品。这个规定有两个要点，第一，葡萄酒的原料中没有加水。第二，葡萄酒没有加入酒精（一些加强酒除外）。所以，那些所谓的"三精一水"勾兑出来的东西，完全和葡萄酒没有任何关系。

┌───┐

小贴士

葡萄酒的味道

"干红""红酒"近些年来已经成为"葡萄酒"的代名词。但其实"红酒"只是葡萄酒的一种,"干红"也只是葡萄酒中的一种风味,关于葡萄酒的分类,会在下一节详细说明,这里要说的是,很多人受到了"野力干红"味道的影响,以为葡萄酒就应该是酸甜爽口,加冰饮用。所以有的人觉得,干红又酸又涩的味道难以接受,喜欢在喝的时候加入雪碧等饮料。这只是因为中国人习惯了之前偏甜的味道,认为葡萄酒就应该是甜的,其实,干红和干白各有特性,红葡萄酒的特性是"涩",而白葡萄酒的特性是"酸"。不涩的红葡萄酒和不酸的白葡萄酒,才是少了本来应有的风味。

└───┘

葡萄酒都含有哪些成分

从葡萄酒定义上来看,仿佛葡萄酒的成分就是葡萄汁及其中糖分转化成的酒精,其实不然,还要从葡萄的种植说起。酿酒用的葡萄种植需要的环境和条件与其他大部分农产品不一样,一般的农作物需要肥沃的土地和充足的雨水,但是酿酒葡萄则不然。要想酿出口感丰富、香气馥郁的葡萄酒,不光种植葡萄的土壤要贫瘠,还要雨水量小,这样可以迫使酿酒葡萄藤不断深入扎根,汲取地下水分和深层土壤中所含有的各种养分。由于水分的控制,酿酒葡萄与食用葡萄相比,颗粒小,果实更拥挤,果皮更厚,颜色更深、葡萄子更大。虽然葡萄小小一颗,但浓缩在里面的都是精华,所以吃起来味道也是非常好的。

葡萄酒的特别之处

首先,葡萄酒是这个世界上品牌最多的产品。在这个世界上很少有一种商品有像葡萄酒一样多的品牌,其品牌之多已经多到无法计算的地步。而且葡萄酒的品牌从来都没有停止过增长,到目前为止已经超过百万个了。就拿澳大利亚来说,截止到2008年,已有2200个葡萄酒厂,有近6000个葡萄酒品牌,而且每年还会有近100个新的葡萄酒厂加入到这个大家庭来。就一个国家的范围来说,很少会有另外一种商品可以出现6000个品牌,而且这6000个品牌皆有销路。要知

不同品牌的葡萄酒

道澳大利亚的总人口和上海市的人口差不多，而且澳大利亚酿造葡萄酒的历史在世界范围来讲还算是短的。

第二，所谓"三分工艺，七分天意"。葡萄酒的质量有70%来自于葡萄本身的质量，而葡萄的质量则受年份、土壤、水分、地域、葡萄藤年龄等多个因素的影响，且这些因素绝大部分是不可以人为控制的，这有别于其他大部分产品。并不是说在质量上有不受人控制的因素就是好的，但就像人类对不明飞行物（UFO）的好奇一样，当你越无法控制某些因素的时候，你越想去了解、想去研究、想去掌控，这也使葡萄酒超越了产品本身，成了一种可以去研究的艺术品。

第三，葡萄酒同品牌之间也有差异。同一家公司，同一个品牌，同一个葡萄品种，同一名酿酒师，同一套酿酒设备酿造出来的同款葡萄酒，不同年份的味道与品质依旧会有不同，以致会有不同的价格。

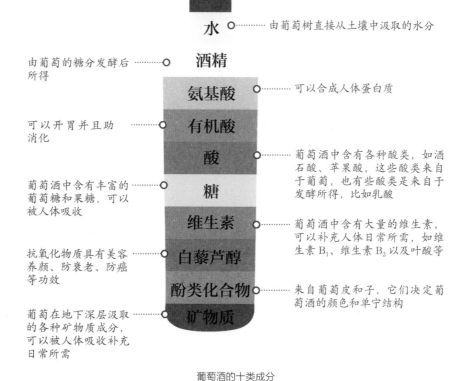

由葡萄树直接从土壤中汲取的水分

水

由葡萄的糖分发酵后
所得

酒精

氨基酸　可以合成人体蛋白质

可以开胃并且助
消化

有机酸

酸　葡萄酒中含有各种酸类，如酒
石酸、苹果酸，这些酸类来自
于葡萄，也有些酸类是来自于
发酵所得，比如乳酸

葡萄酒中含有丰富的
葡萄糖和果糖，可以
被人体吸收

糖

维生素　葡萄酒中含有大量的维生素，
可以补充人体日常所需，如维
生素 B_1、维生素 B_2 以及叶酸等

抗氧化物质具有美容
养颜、防衰老、防癌
等功效

白藜芦醇

酚类化合物　来自葡萄皮和子，它们决定葡
萄酒的颜色和单宁结构

葡萄在地下深层汲取
的各种矿物质成分，
可以被人体吸收补充
日常所需

矿物质

葡萄酒的十类成分

　　很少会有一种产品像葡萄酒一样有它单独的法律，出现像欧盟（EU）这样
的组织去规范和限制它，建立一个学院去研究和学习它，乃至从一种商品演变成
一种文化，让人感觉到它是活着的，是有生命的！

各种各样的葡萄酒

葡萄酒的几种分类

如同茶叶按颜色可以分为绿茶、红茶、白茶；人按照地理位置可分亚洲人、欧洲人、非洲人……葡萄酒也是如此，因为种类形式繁多，很难用一种方式囊括所有形式的葡萄酒。葡萄酒按照不同的标准，也有不同的分类方法。

葡萄酒的分类

按颜色	红葡萄酒	白葡萄酒	桃红葡萄酒	
按含糖量	干型葡萄酒	半干型葡萄酒	半甜型葡萄酒	甜型葡萄酒
按酿造工艺	静止葡萄酒	起泡葡萄酒	加强型葡萄酒	

按照颜色分类

首先是按照颜色去分，这是最直观的分类方式，分为红葡萄酒、白葡萄酒和桃红葡萄酒。从准确度来说，桃红葡萄酒算是分类最准确的了，因为桃红葡萄酒的颜色就是桃红色的。红葡萄酒，就是人们常说的红酒，其真正的颜色是紫红色到宝石红色或石榴红色，与正红色实在相差很远。白葡萄酒就更与白色不贴边了，其实际的颜色是柠檬色到金黄色。葡萄酒产生颜色区别的原因是因为酿酒葡萄品种的不同。

红葡萄酒采用的是红色葡萄酿制而成，白葡萄酒是采用青葡萄，或者

桃红、红、白葡萄酒

是用去了皮的红葡萄酿制而成（现在用此方法的已经极少了，毕竟风险很大，质量也难保证，不属于经济适用型方案）。桃红葡萄酒一般也是采用红葡萄酿造，只不过颜色的来源——葡萄皮不参与发酵过程，所以颜色会淡一些（具体酿造的方法，在第49页中会有更详细的说明）。

按照含糖量来分类

主要分为干型葡萄酒、半干型葡萄酒、半甜型葡萄酒、甜型葡萄酒，具体含量如下表所示。

葡萄酒按照含糖量分类表

葡萄酒类型	含糖量	葡萄酒类型	含糖量
干型葡萄酒	4克/升以下	半甜型葡萄酒	12~40克/升
半干型葡萄酒	4~12克/升	甜型葡萄酒	40克/升以上

曾经有一个很流行的关于葡萄酒对雪碧的笑话："老外"花了几百年的时间研究出来如何把糖分从葡萄酒中去除，中国人一口雪碧就把糖分又加了回来！此番话是中国人自嘲用雪碧对入红葡萄酒，浪费了本来的一杯好酒。乍看来葡萄酒中不应该有糖分，那为什么又有甜型葡萄酒呢？

之前已经讲过，酿酒是葡萄汁中的糖分转化成酒精的一个过程。干型葡萄酒，也就是经常说的"干红"，是糖分完全转化成了酒精（虽然所谓是完全，但也不见得完美到100%，剩余的糖分在每升4克以内，并且也不会出现继续发酵的情况）。而甜型葡萄酒，则是由于一些人为因素，让葡萄中的糖分没有完全转化成酒精，很多时候是因为

苏岱甜酒

葡萄本身的含糖量很高，即使发酵到正常的酒精度数，依然还有大量的糖分剩余，就酿造成了半干、半甜或甜型的葡萄酒。同时，这样的葡萄酒相对来说酒体更饱满，闻起来便会带有一种焦糖或者蜂蜜的味道，颇受中国人喜欢。根据我做品酒活动的经验来看，每次只要出现甜酒，都是会被喝个精光的。

按照酿造工艺来分类

按照酿造工艺，将葡萄酒分为静止葡萄酒、起泡葡萄酒、加强型葡萄酒。相对应的葡萄酒种类如下表所示。

按酿造工艺分类及其代表

酿造工艺	葡萄酒
静止葡萄酒	"干红"、"干白"
起泡葡萄酒	香槟、卡瓦
加强型葡萄酒	波特、雪莉

静止葡萄酒这个说法，是相对于起泡葡萄酒而来。起泡葡萄酒，是利用了二次发酵所产生或人工添加的二氧化碳，和那些碳酸饮料一样，倒酒时杯子中会呈现出气泡，所以称之为起泡葡萄酒，也有叫作气泡葡萄酒的。而静止葡萄酒，则是中规中矩的发酵完毕、橡木桶陈放，再装瓶，不会生成也不会另外添加二氧化碳进去，也就是我们通常所说的"干红""干白"。

好的起泡酒，气泡丰富，泡沫小而量多，从侧面看有持续向上的气泡；而质量低的起泡酒，泡沫粗大，持续时间较短，过不了多久，便会呈现出与静止葡萄酒差不多的表面特征。

关于香槟，应该算是第一个在国内火起来的进口葡萄酒，那会儿，人们都还没有听说过拉菲呢，但是香槟两个字却早已朗朗上口，家喻户晓了，不过时至今日，还是有很大一部分人不知道香槟也是

香槟葡萄酒

顶级香槟酒

葡萄酒的一种。具体地说，香槟是起泡酒的一种，而起泡酒是葡萄酒的一种。只是那个时候，没有人有这个概念，认为香槟就是香槟，一种婚礼、庆典时专用的酒。以至于很多人见到开瓶冒气带酒精的酒，都会称之为"香槟"。

事实上，香槟两个字可不是随便叫的，它与茅台有着相同之处。茅台酒得名于贵州省仁怀市茅台镇。香槟也是如此，香槟是法国十大葡萄酒产区之一，与波尔多一样，是一个产区的名称。只有产自这个产区的起泡酒，才可以叫香槟，英文名是Champagne。当然起泡酒不只有香槟一种，很多其他葡萄酒生产国也都酿造起泡酒，只是叫的名称不一样而已。香槟酒往往价格比较昂贵，除了名气的原因之外，当地的葡萄成本也比世界其他起泡酒产区高很多，另外香槟采用的是传统酿造方式，即葡萄酒的二次发酵是在瓶内进行，这也加大了酿酒的成本。相比之下，很多"新世界"国家产的起泡酒采用的是罐中二次发酵的方式。

加强型葡萄酒，指的是在葡萄酒发酵过程中或发酵结束后，加入白兰地提高酒精度数的葡萄酒。加强型葡萄酒往往口感更加浓烈，酒精度数更高（一般为15~22度），在葡萄酒市场中颇受大家的欢迎，很多欧洲的餐厅里，加强型葡

西班牙的起泡酒卡瓦

> ### 小贴士

香槟以外的起泡酒

西班牙的起泡酒

　　西班牙的起泡酒卡瓦（Cava），主要产于西班牙东北部的加泰罗尼亚（Catalonia）地区，使用的葡萄品种是马卡贝奥（Macabeo）、帕雷亚达（Parellada）、沙雷洛（Xarel-lo）、黑比诺（Pinot Noir)以及霞多丽（Chardonnay）。卡瓦使用的酿造方式与香槟一样，用的也是传统的发酵方式，但因为葡萄成本较低，陈年的时间较短，所以价格会比香槟酒低很多，性价比较高。

意大利的起泡酒

　　皮埃蒙特：阿斯蒂（Asti）是意大利的起泡酒主产区，主要出产葡萄品种为小白麝香（Muscat Blanc a Petits Grains），使用的是阿斯蒂特有的酿造方式，在高压下进行第一次发酵，并在糖分完全转化成酒精前终止发酵，这样得来的起泡酒，酒精度数低，口感比较甜，受到消费者的喜爱。

　　普洛赛克：是威尼托一种用普洛赛克（prosecco）葡萄品种酿造的起泡酒，口感为干型，但非常芳香，使用的是罐中二次发酵的方式，所以价格适中，在世界范围内大受欢迎，甚至销量一度超过香槟。

美国起泡酒

　　美国的生产商大多采用传统方法生产起泡酒，也会进行较长时间的陈年，而且品种也是采用香槟产区同样的葡萄品种，所以风格上和法国的香槟酒比较类似。

澳大利亚起泡酒

　　澳大利亚一些气候较为凉爽的产区，比如塔斯马尼亚，会出产一些品质不错的气泡酒，有些采用的是传统方式，有些采用的是罐中二次发酵的方式。不过澳大利亚比较有创意的一种起泡酒是采用设拉子（Shiraz）葡萄酿造的红色起泡酒。设拉子颜色深，单宁含量也较高，在其他国家很少会被用来酿造成起泡酒，这也算是澳大利亚的特有产品了。

南非起泡酒

　　在南非，使用传统方法酿造的起泡酒，会标有"开普经典（Cap Classique）"字样，品质较高，也有较长的陈年时间，除了使用霞多丽和黑比诺葡萄之外，也会使用长相思（Sauvignon Blanc）和白诗南（Chenin Blanc）来酿造起泡酒。

萄酒属于必备的酒款。最出名的加强型葡萄酒有葡萄
牙的波特酒（Porto）和西班牙的雪莉酒（Sherry）。

　　波特酒产于葡萄牙杜罗河产区，因为是在葡萄酒
发酵过程中加入白兰地终止其发酵，使得部分糖分还没
有转化成酒精，所以波特酒都是甜酒。有上好年份的时
候，波特酒也会在酒标上标注年份，这种有年份的波特
酒往往品质更好。

　　雪莉酒，虽然同属于加强型葡萄酒，但与波特酒有
很大区别，雪莉酒是在发酵结束之后再加入白兰地，所以
雪莉酒不全是甜酒。也有半甜和不甜的雪莉
酒采用一种特殊的陈年方式——索雷拉（Solera），可以
让雪莉酒同时兼具新酒的清新与老酒的醇厚，这种方法是
把发酵结束的葡萄酒放在酒桶中，将酒桶分数层堆放，最
老的酒放在最下面一层，最年轻的酒放在最上面一层，
层数可由酒厂自己定夺，少则3层，多则14层。每隔一段
时间，酒厂会从最底层的老酒酒桶中取出一部分酒装瓶出
售，然后从上一层桶中取出相应的酒填补到下一层，再由
第三层的酒填补到第二层，这样一次次填补下去，最年轻
的酒永远在最上面一层，而每次装瓶出售的酒都以老酒为
基础，这使得雪莉酒可以保持永恒的风味。

波特酒

因祸得福的意外

　　中国有句古话叫"塞翁失马，焉知非福"。人们总有这样的心态：科学研究
出来的东西总感觉比意外发现的缺少了一点浪漫。意外的发现已是难得，若再加
上因祸得福，那更是会给人无限的惊喜。很多葡萄酒品种都是在大灾难中意外地
出现了柳暗花明，成就了今天世界上丰富多样的葡萄酒品种。

> "好的葡萄酒证明了上帝希望我们幸福。"
>
> ——富兰克林

贵腐葡萄酒

纪录片《舌尖上的中国》有一期介绍的是安徽的美食毛豆腐，被真菌覆盖的豆腐，表面长出了一层雪白的绒毛，让人想起童年的棉花糖，不禁口水下咽恨不得咬上一口。可见菌类也可以"巧夺天工"，制造出无与伦比的美食。其实菌类也可以酿造出无与伦比的美酒。

贵腐葡萄酒，属于甜型葡萄酒。人们看到"贵"自然会联想到"名贵""价钱贵"，而"腐"字则往往联想到"腐烂""腐败"，这两个字与葡萄酒联系在一起，实在是有些奇怪。没错，贵腐葡萄酒，它是真的"贵"，但却不是真的"腐"。

贵腐葡萄酒是用感染上贵腐菌（Botrytis cinerea，又称葡萄孢菌）的葡萄酿制而成，这种贵腐菌会附着在葡萄的表面，并且将葡萄皮"腐蚀"出肉眼看不见的小孔，使葡萄中的水分蒸发。所以感染上了贵腐菌的葡萄，还挂在葡萄藤上的时候就因为水分被蒸发而变得干瘪，表皮看上去像是覆盖了一层细小的绒毛，但是这样的葡萄也因为丧失了水分而变得糖分更高。

这种贵腐菌与一般的细菌不同，并不是在任何地区的葡萄都可以染上贵腐菌的，这种菌的感染必须在特定的气候条件下才有可能出现。早上要阴冷并有雾气，下午则要炎热干燥，在这种微型气候下，才可以让葡萄即感染上贵腐菌又不会真的腐烂掉。所以适合贵腐菌生长的葡萄酒产区在世界上并不多见。另外，并不是所有葡萄都会同时感染上贵腐菌，一片

托卡伊贵腐酒

葡萄园中感染贵腐菌的时间和程度是不一样的，甚至每一串，每一颗葡萄感染的时间和程度都不一样。这种葡萄必须经过手工挑选，再加上它是脱了水的，能挤压出来的葡萄汁十分有限，酿造出来的葡萄酒自然要比正常的葡萄酒少很多，所以贵腐酒可谓是滴滴如金，被当之无愧地称之为"液体黄金"，而巧的是贵腐酒刚好也是金黄色的酒体。

我们常说"浓缩的都是精华"，酿酒葡萄本身就已经是精华了，贵腐菌感染的葡萄更是精华中的精华。

法国波尔多苏岱贵腐葡萄酒

用最精华的葡萄酿制而成的贵腐酒，酒体饱满浓厚、果香浓郁、异常香甜。最难得的是它的余味，据说喝下去2小时后嘴里还会有淡淡余香。这种人间罕见的葡萄酒当初是怎么被人发现的呢？

关于贵腐酒起源的传说不胜枚举，众说纷纭，各个地方都有不同的说法，但是所有传说中，不变的中心是：当酒庄庄主要采收葡萄的时候，非常懊恼地发现自己成片的葡萄园都被染上了贵腐菌，原本圆润的葡萄变得干瘪，庄主悲伤之余却也不愿就这么放弃，于是死马当活马医，依旧利用这些葡萄发酵酿酒，却没想到酿制出来的酒更加浓郁香甜，回味无穷，从此贵腐酒便诞生了！

香槟

之前已经用了一些篇幅介绍了起泡酒，虽然说如今香槟酒已经是名扬四海，但是香槟也有过一段非常坎坷的"成长史"。正所谓"天将降大任于斯人也，必先苦其心志，劳其筋骨……"

香槟曾被称之为"魔鬼之酒"，那时人们对其嗤之以鼻。百年以前，当时的香槟产区生产的还是静止葡萄酒，但因为香槟产区地处凉爽型气候环境，很多时候由于冬天发酵季天气寒冷，发酵自然终止，酒商们在不知情的情况下将酒灌装陈放。到了第二年春暖花开之时，瓶内剩余的糖分便开始蠢蠢欲动，自顾自地转化成了酒精并释放出二氧化碳，然而因为已经灌装，二氧化碳没能被释放出来，而是融入了酒中。导致开瓶倒酒时冒出来好多泡泡，人们匪夷所思，以为是这里的葡萄酒被魔鬼诅咒，所以当时人们称这种泡泡酒为"魔鬼之酒"。香槟产区一直到现在为止也还在生产没有气泡的香槟酒，只不过没有带气泡的香槟酒那么大名声而已。

任何东西过多无益，但香槟例外。

——马克·吐温

先生们请记住，我们不仅仅是在为法国，我们是在为香槟而战！

——丘吉尔

放一杯香槟在我的墨水池边，它会给我的笔闪动的灵感。

——大仲马

然而现在回想起来，我们不得不佩服香槟产区酒商市场营销的功力。他们不仅没有怨天尤人，也没有随波逐流，反而化被动为主动，将其"缺点"宣传成为"特点"，并将市场"重新洗牌"，干脆不去背负葡萄酒的光环，重新自我定位，香槟酒就打着庆典用酒、浪漫用酒、婚礼用酒、爱情用酒的旗号横空出世，在酒类市场中闯出一片属于自己的天地。从此再无人可以抢夺、替代它耀眼的光芒！

如果没有那个寒冷的发酵季节！如今的香槟产区，也只不过是众多葡萄酒产区中的一个。

简单介绍几个世界出名的香槟酒庄。

（1）酩悦（Moet & Chandon）：为法国最大的酩悦·轩尼诗–路易·威

登（LVMH）奢侈品集团所拥有，是LVMH旗下产量最大的香槟酒厂，也是世界上最大的香槟酒生产厂。

主页：http://www.moet.com

参观费：14欧元（品尝1种香槟），21欧元（品尝2种香槟），26欧元（品尝2种年份香槟）。

（2）首席法兰西香槟（Bollinger）：在法国有香槟贵妇人的美誉，是为数不多早先进入英国港口的香槟之一。当时首席法兰西香槟已经以口味特征鲜明著称，它在酿制过程中添加的糖分比其他酒厂要少，在各种甜腻腻的香槟中，干型香槟的口味明亮脱俗，更使英国皇室对其宠爱有加，钦定其为"御用香槟"。

主页：http://www.champagne-bollinger.com

（3）巴黎之花（Perrier-Jouet）：其酒庄代表着高贵与优雅，据说，巴黎之花酒庄是美国三大最受欢迎的香槟酒庄之一，美国人会拿其他酒庄的酒送给老板，但是唯独将这个品牌的香槟酒送给自己的情人。细腻、高雅、爱情是该酒庄香槟酒所代表的含义。大家可以去它的主页观看一下，绝对有一种美轮美奂的情爱味道。

主页：http://www.perrier-jouet.com

冰葡萄酒

上帝没有赋予冬天太多的生命，但凡是冬天里的生命都被人赞美着，比如梅花——"墙角数枝梅，凌寒独自开。遥知不是雪，唯有暗香来！"雪白之中一点红

的不仅有梅花，还有依旧挂在枝头，等待被酿造成冰酒的葡萄。可见上帝对人类还是眷顾的，冬季不但有美景，还孕育了美酒。

冰葡萄酒的官方定义是：全部用新鲜葡萄，在葡萄园里冰冻着挑选，在没有人工处理的条件下发酵而成的葡萄酒。用于冰酒生产的葡萄在收获及压榨期间必须保持冰冻状态，最低采摘温度是-7℃（《国际葡萄酿酒法规》中规定）。不过各个酿造冰葡萄酒的种植者会根据各自国家的情况做出一点调整。简单通俗一点说冰葡萄酒就是用冬天采摘的，已经在枝头结了冰的葡萄，在冰冻的情况下酿制出来的酒。

冰葡萄酒起源于德国，但在加拿大得到了很好的发展。冰葡萄酒的标准，加拿大种植者也进行了很多补充，称得上是最严格的冰葡萄酒标准，甚至其采摘的温度也要比国际标准低1℃。严格的标准，优异的品质，使加拿大冰葡萄酒得到全世界的认可。当然除了政府严格把关之外，酿造出优质的葡萄酒更是仰仗了加拿大得天独厚的寒冷气候。虽然冰葡萄酒起源于德国，但是由于德国气候没有办法每年都达到冰葡萄酒需要的低温，所以无法每年都酿制冰葡萄酒，这就给了年年寒冷的加拿大一个成为冰葡萄酒生产大国的机会。

当然，酿造冰葡萄酒的各种条件，还远远不止上面说到的这些。这些严苛的条件，造就了冰葡萄酒的珍贵，据统计，全世界每3000瓶葡萄酒中才有1瓶是冰葡萄酒。而且，喝过冰葡萄酒的人一定会发现，冰葡萄酒的酒瓶比普通葡萄酒的要细很多，容量基本只有普通葡萄酒的一半。所以如果各位在酒桌上喝的是冰葡萄酒，奉劝大家细细品尝，可不要上来就干杯，干两次，一瓶冰葡萄酒就没了，实在可惜。

当然这样的佳酿，也是源自一次因祸得福的意外。有一年德国的冬天，突然冰霜骤降，寒冷的天气使得成片的葡萄都被冰冻在了枝头上，酒庄为了减少损失，还是让酿酒师小心地将葡萄采摘下来，按照传统的方式酿造。没想到酿造出来的葡萄酒冰爽怡人，口感浓郁饱满，简直是酒中极品，于是，冰葡萄酒就这样诞生了。

有机葡萄酒

前文提过，葡萄酒是由葡萄自然发酵将其糖分转化成为酒精而得来的，但是这并不代表葡萄酒在发酵、压榨、澄清等整个过程中，没有加入人工成分。事实上，从种植开始，葡萄就有可能接触到化学肥料、农药，在发酵的过程中也有可能需要另外加入其他物质，比如酒石酸、糖分等，包括压榨后澄清过滤时所采用的物质（如蛋清）以及添加的二氧化硫，都属于人工"后天努力"的成分。这些物质对人体无害，只是为了让葡萄酒呈现出更完美的样子，可以保存的时间更长。

有机葡萄酒

当今世界，有机的概念开始盛行，有机蔬菜、有机水果、有机牛奶……凡是有机产品，价格和待遇都会高出其他同类产品一等。而在农药满天下、食品安全问题层出不穷的时代，有机更被消费者格外喜爱，葡萄酒也不例外。

有机葡萄酒，要求在葡萄种植的时候不能用到化肥和农药，酿造过程中只使用天然发酵剂、不可以额外加入酸或糖分，使用自然的方法过滤澄清葡萄酒，并且需要严格控制二氧化硫的使用。虽然二氧化硫对葡萄酒的制造起到了很大的作用，但是崇尚有机，一切归于自然的很多人不赞成有机葡萄酒中使用二氧化硫。但也有人认为不必如此"形而上学"，葡萄汁在发酵的过程中本来也会产生二氧化硫，添不添加它都是肯定会存在的，无须苛求。

从有机葡萄酒继续延伸出现了生物动力学葡萄酒，这个说法往往让葡萄酒爱好者们有些迷茫。它比有机葡萄酒还要更深一层，更加体现出葡萄酒这种"靠天吃饭"的特性，在葡萄种植的过程中，不仅仅是不使用化肥农药那么简单，还要结合生物界中一些自然规律的变化，比如配合月亮的变化：月亏时，树液会流向根部，易移植或修剪；而月满时，则适宜采收。

需要说明的是：有机葡萄酒和普通的葡萄酒在外表上没有任何区别，只是酿造工艺上少添加化学原料。国内市场上有机葡萄酒还比较少见。

博若莱新酒 ▶━┥

爱酒人士不要错过博若莱新酒（Beaujolais）*，这也是我比较欣赏的葡萄酒。我欣赏的是它那打破陈规、标新立异的勇气和智慧。可能，除了博若莱新酒节，没有任何一个葡萄酒节是普天同庆的了。

博若莱，算是法国一个比较特殊的产区，从地理上来看它属于勃艮第的一部分，博若莱产区本来是最不被法国葡萄种植者重视的一块土地，因为它无法种植出可以酿造浓郁复杂、陈放多年葡萄酒的葡萄。但是，博若莱这里种植的葡萄可以酿造出非常新鲜爽口的葡萄酒，堪称法国葡萄酒中的一枝独秀。

众所周知，法国的葡萄酒酿成之后，多需要经过橡木桶的陈年之后，过一两年才可以喝。而博若莱则大唱反调，众人皆"陈"我独"新"，不仅不提倡酒要陈

注：博若莱新酒，有时也会被翻译成保祖利新酒，两个翻译都是一个意思，本书中均使用博若莱新酒这个翻译。

年，反而大举强调"新酒"的概念，即一定要当年将酒喝掉。博若莱新酒为那些总是焦急等待陈年酒的葡萄酒爱好者们提供了一个当年就可以品尝到葡萄酒的机会，且简单平实、清新适口、价格低廉，受到了全世界人们的喜爱。

　　每年11月份的第三个礼拜四为博若莱新酒节，每一年的新酒都会在这一天同时上架销售。这也成为它备受关注的一个焦点。虽然是新酒，但也要吊足了你的胃口，最后才让你品尝的到！而在发售的当天，世界各地的葡萄酒经销商，都会组织派对或酒会，邀请大家一起来品尝博若莱新酒，所以这一天也被称之为博若莱新酒节。

　　需要说明的是：博若莱新酒，在每年11月份发售一次，虽然接下来的几个月也是允许销售的，但这种酒最好是在一个月之内喝完，不然口感就会变得不那么新鲜，所以到了第二年也着实不太容易买到前一年的新酒了。

第三节

不可不知的葡萄品种

6月份，正是开始吃荔枝的季节。最开始是妃子笑，6月下旬时糯米糍也下来了，与我而言，我更喜欢糯米糍。都是荔枝，却分了很多不同的品种，有些品种核大，有些核小，有些偏甜，有些偏酸，不同品种的荔枝吃起来味道也相差很多。同理，不同葡萄品种酿造出来的葡萄酒，口感、味道上也会有很大的差别。

品种的重要性，在国内的体现还不是很明显，国内依旧是"牌子时代"，包要买路易·威登（LV），手机要买苹果，白酒就喝茅台，红酒就认拉菲，中国多数消费者更愿意去相信品牌的质量，也非常享受品牌带给自己的那份虚荣。然而在国外，除非特意选择一些享有盛名的酒庄之外，老百姓在餐馆喝酒的时候，点名要某某酒庄的葡萄酒反而不多，大部分是点名要某个葡萄品种酿的酒。在日常的葡萄酒饮用中，大家对品种的选择远远多过对某个酒庄的选择。

每个葡萄酒生产大国，不仅有各自知名的葡萄酒产区，也有各具特色的知名葡萄品种。全世界用于酿酒的葡萄品种有6000多种，不过比较流行的不超过30种，需要大概了解的也就10多种而已，而这10多个品种的葡萄酒，建议大家都尝试一下，然后找出自己喜欢的品种。

葡萄园里的葡萄

红葡萄品种 ▶━┥

红葡萄有很多品种，分类如下：

红葡萄最主要的品种	英文
赤霞珠/加本力·苏维翁	Cabernet Sauvignon
黑比诺	Pinot Noir
设拉子/西拉/希哈	Shiraz/Syrah
美乐/梅洛	Merlot
歌海娜	Grenache

国王——赤霞珠/加本力·苏维翁（Cabernet Sauvignon）

赤霞珠算是在国内最出名的红葡萄酒品种了，知道的人比较多，这还要得力于有一段时间各国产酒公司争夺"解百纳"这个商标使用权的事情。想必"解百纳之争[*]"业内人士无一不知，业外人可能都多少有些耳闻，我甚至见到过某位市场营销专家在文章里批评某知名葡萄酒公司把葡萄品种注册为品牌使用，在业界内搞垄断。很多公司把"解百纳"与"赤霞珠"当成一个葡萄品种，因为国内的"解百纳"葡萄酒所用的葡萄品种正是赤霞珠。

Cabernet Sauvignon
赤霞珠

对于这个问题，我还是支持这家公司的，"解百纳"顶多算是"Cabernet"的音译，而不是赤霞珠（Cabernet Sauvignon）这个品种的音译，也不是这个品种的中文名称。解百纳并不是一个葡萄品种的全称，红葡萄品种中带有解百纳的还有品丽珠（Cabernet Franc）和蛇龙珠（Cabernet Gernischt）。何况赤霞

注：张裕注册了"解百纳"商标，被一些同行起诉，认为"解百纳"是Cabernet单词的译音，而Cabernet是葡萄品种名称的一部分，不应该成为张裕的独家商标。

珠、品丽珠和蛇龙珠这三个名字，其中都不包含解百纳这三个字。所以取品种中的一个单词音译注册商标，只能说很聪明或是很狡猾，但不能说不合法。

这种类似行为也并不是前无古人的，可口可乐（Coca Cola）这个商标中的Coca本身就是一种饮品，其味道都是一样的。可现在可口可乐做的已经让人不知道Coca本身就是一种饮品了。

赤霞珠的典型特征

颜色：多呈现为砖红色。

香气：有较明显的青椒、黑加仑等黑色水果的香气。陈年后的赤霞珠还会出现烟熏、皮革的气味。

口感：复杂醇厚，单宁丰富。

陈年：这样的葡萄酒通常富有很强的陈年潜力。

赤霞珠，其实是品丽珠这个"当爸的"和长相思这个"当妈的"共同培育的"儿子"。不过这个"儿子"可谓光耀门楣，没给他们家丢脸。在世界各个葡萄种植地，都能找到赤霞珠的身影，其中最具代表，也是大家都知道的地方，就是波尔多。赤霞珠是波尔多的当家品种，波尔多也是赤霞珠的故乡。这里的葡萄酒多是赤霞珠与美乐或品丽珠混酿而成的葡萄酒。包括大家都熟悉的拉菲、拉图那些名庄。

不在故乡的赤霞珠，依然表现良好，并且是"单打独斗"！在其他葡萄酒产区，它多以单一品种葡萄酒出现，其口感紧实，往往果味更多，比如澳大利亚的赤霞珠，在澳大利亚有一句话说"一个没有赤霞珠葡萄酒的酒窖，是一个不完整的酒窖"。澳大利亚的气候炎热少雨，赤霞珠得以充分成熟，酿出来的葡萄酒酒精度数高，果香浓郁，单宁丰厚，非常适合一个人的夜晚，拉开落地窗帘，打开音响，慢慢品尝。还有美国纳帕产区的赤霞珠，也已经是享誉世界的高品质葡萄酒的形象，很多顶级的葡萄酒，也都是用赤霞珠品种酿造的，而且往往价格不菲，在世界其他产酒国家，也不乏看到很多高品质的葡萄酒，同样也是采用赤霞珠这个品种，所以，它之所以可以这么流行又有名气，也是有原因的。

王后——黑比诺（Pinot Noir）

如果说波尔多的赤霞珠葡萄酒是"国王"，那么勃艮第的黑比诺葡萄酒就是"王后"。黑比诺是勃艮第地区的是单一品种。这个被称之为"王后"的品种，是世界公认的难养品种。与其他葡萄品种比起来，黑比诺非常的娇气，从种植开始就体现得淋漓尽致，它不易种植，对环境要求苛刻、怕冷又怕热、容易感染各种菌病、虫病，真可谓难养至极。想要把这么"多愁善感"的品种养大成果、酿制成酒，还真是一个不容易的事情，所以优质的黑比诺是非常难得的。

与"国王"赤霞珠比起来，"王后"黑比诺的口感就温柔了许多，高品质的黑比诺口感圆润，丝滑细腻。与赤霞珠一样，"旧世界"的黑比诺口感更加复杂，"新世界"的黑比诺果味更丰富，质量上乘的赤霞珠和黑比诺都具有陈年潜质，适合珍藏存放。

与赤霞珠相比，黑比诺算是比较有争议的品种，也许是因为她娇柔又多变的"个性"，使一些人沉迷于她的千变万化，对她爱不释手，对千金难求的上乘黑比诺更是情有独钟，不可自拔。而有些人对于她这种娇贵的"个性"则是束手无措，望而却步。

Pinot Noir
黑比诺

黑比诺的典型特征

颜色：宝石红色、橙红色。

香气：熟樱桃、李子等红色水果气味；陈年后会出现巧克力、泥土、动物的气味。

口感：圆润细腻、单宁顺滑、柔软。

陈年：质量良好的黑比诺具有陈年的潜力。

个人感觉，好像男人更适合饮用黑比诺葡萄酒，不仅仅是因为"异性相吸"，也是因为我经常与身边的酒友分享各自喜爱的葡萄酒时，发现身边的女性朋友都不是很喜欢黑比诺。不过，不要因为你是女性，看到了我这种说法就放弃黑比诺，说不定你也会和那些喜爱黑比诺的人一样，对她钟情无比，这样难得娇贵的品种，千万不要错过。

亲王——设拉子/西拉/希哈（Shiraz/Syrah）

澳大利亚人应该感到骄傲，不仅非常是因为成功地将设拉子移植在自己的土地上，还成功的将其改名换姓，就像抱养的孩子摇身变成了亲生的一样，最终享誉全球。在法国，它被叫作Syrah，到了澳大利亚，它被叫作Shiraz，其实都是一个葡萄品种。之所以澳大利亚设拉子可以取得这么高的成就，要得益于其炎热的气候，因为设拉子喜欢温暖的地方，在凉爽的地方很难成熟。

如果说黑比诺是赤霞珠的"老婆"，那么设拉子就是赤霞珠的"兄弟"，他们两个外观很像，果粒小，果皮深，所以酿出来的葡萄酒颜色很深。不过设拉子的颜色又和赤霞珠有着明显的区别，年轻的设拉子的颜色呈蓝紫色，而年轻的赤霞珠的颜色往往是宝石红色。设拉子酿成的葡萄酒通常酒体饱满，单宁丰富，它的独特之处是带有非常明显的辛香、辛辣的味道。也因为其辛辣的特点，非常适合搭配川菜饮用。

Shiraz
设拉子

设拉子本就是非常流行知名的葡萄品种，澳大利亚的设拉子更是将它的特点表现得淋漓尽致，成为澳大利亚经典的葡萄品种，葡萄酒界有一句话："很难想象这个世界没有了澳大利亚设拉子后会是个什么样子。"这句话看起来很好笑，但却证明了澳大利亚设拉子在葡萄酒中不可或缺、不可替代的地位。

设拉子的典型特征

颜色： 紫红色，深紫色。

香气： 烟熏、黑胡椒、辛辣、甘草、泥土、动物的气味。

口感： 结构紧实，单宁丰富，有深红色、黑色水果的味道。

陈年： 具有陈年的潜力。陈年的设拉子口感更加醇厚。

宰相——美乐/梅洛（Merlot）

美乐是个好"员工"，既有良好的"团队合作精神"，又有"独立工作的能力"。这句作为个人简历中不可缺少的自我评价，用在美乐身上很合适。美乐经常被用于与其他品种混酿，尤其是在波尔多，美乐会经常被用来混入其他品种中酿酒，用来调节葡萄酒的口感，中和单宁过重的葡萄品种。同时，它也可以以单一品种酿制成酒，世界各地的人们都非常喜爱美乐。

与黑比诺相反，美乐品种对环境的要求不是很高，只是不耐寒，所以在热带产地都有很好的表现。美乐的口感非常柔顺，单宁较轻，有红色水果的气味。果香浓郁的美乐是初识葡萄酒者不错的选择。

文官武将——歌海娜（Grenache）

歌海娜，与美乐相似，不属于很刚劲的葡萄，可以与其他品种混酿，也可以单一品种酿制葡萄酒。歌海娜葡萄粒大，皮薄，糖分高，酸度低，这使得歌海娜酿成的葡萄酒少有深颜色，但通常酒体非常饱满。典型的歌海娜葡萄酒都有红色水果的味道（如草莓、覆盆子），伴随辛辣的气味（如白胡椒、甘草、丁香）。陈年的歌海娜，辛辣的气味会演变为焦糖和皮革的味道。与设拉子一样，歌海娜需要在炎热的气候中成熟。

因为歌海娜的皮薄，用它酿造桃红葡萄酒非常容易，其酿成的桃红葡萄酒通常酒体饱满，为干性，伴有红色水果的味道（如草莓），也有些酒体较轻，呈现水果风味，伴有中等的甜度。

歌海娜在世界各地葡萄酒产区广泛种植，其酿制的葡萄酒最好在它年轻充满活力的时候饮用。有一些上乘的歌海娜葡萄酒可经过橡木桶陈年增加一些复杂的香气。

其他红葡萄品种

品丽珠（Cabernet Franc）

品丽珠是一个"雷锋"品种，乐于助人，其少有单一品种酿造的葡萄酒，更多的是服务于其他品种。在波尔多，它大多与美乐和赤霞珠搭配；在其他地方，品丽珠也多是以混酿的形式出现；只有在澳大利亚这种崇尚单一品种的地方才有可能出现单一品种品丽珠葡萄酒。

添帕尼优（Tempranillo）

添帕尼优是西班牙的"贵族品种"，是里奥哈、纳瓦拉这些知名产区的重要葡萄品种。优质的添帕尼优葡萄酒需要在橡木桶中陈年多年后再饮用。其酿造的酒中还有黑色水果、烟熏、香草和皮革的香气。不过由于添

帕尼优葡萄在酸度和糖分上的不足，多半的添帕尼优葡萄酒都会混入其他品种，如前面介绍过的"团队合作"精神很高的美乐和歌海娜等品种。

皮诺塔吉（Pinotage）

从英文拼写中就可以看出，皮诺塔吉跟黑比诺有关系。没错，它就是黑比诺与另外一个葡萄品种杂交出来的，而且还是专门为了南非产区"研制"的品种，在南非得到了很好的发展。皮诺塔吉呈深紫色，具有很特别的类似橡胶松脂的香气。2010年南非世界杯指定用酒中的干红葡萄酒，就是用这个品种酿制的。虽说它是黑比诺的"后代"，但是高品质的皮诺塔吉葡萄酒单宁丰富，酒体饱满，果香浓郁。

佳美娜（Carmenere）

虽然佳美娜是在"新世界"产区发扬光大的，但它却是一个有着悠久历史的古老品种，甚至被人怀疑是红葡萄的祖先。由于法国葡萄种植者不太待见佳美娜，这个品种曾一度濒临灭绝，好在智利的种植者挽救了它，并将它酿造出别样的风味。

仙粉黛（Zinfandel）

新世界产区很少拥有自己的本土品种，美国的仙粉黛却是其中一个。不过，后来与意大利的普里米蒂沃（Primitivo）被证实是一个品种，我个人感觉它是"被抱养的孩子"中发展最好的一个，甚至连基因都已经被略微改变了。仙粉黛也是一个"百变女郎"，不

仅可以酿制干红，还可以酿造半甜葡萄酒、玫瑰红酒，而且酒精度数非常高，14%以下的酒精含量甚至会比较罕见，很多都是在14.5%以上，有些甚至会高于16%，这也是这个品种所酿葡萄酒一个很典型的特征。

佳美（Gamay）

"博若莱新酒来了！"相信看到这里，大家对这句话已经不会陌生了，没错，之前我们说过的享誉全球、普天同庆的博若莱新酒使用的酿酒葡萄就是佳美。所以不用多说，佳美酿造的葡萄酒酒体清爽、有新鲜的浆果味道和红色水果的香气，适合在1年内饮用，备受大家的欢迎。

桑乔维赛（Sangiovese）

桑乔维赛是意大利种植最广泛的红葡萄品种，也是在国际上最流行的意大利葡萄品种，它与内比奥罗（Nebbiolo）被认为是意大利两大顶级葡萄品种。意大利最知名的红葡萄酒基昂帝（Chianti）就是用桑乔维赛酿造的。桑乔维赛酿造的葡萄酒拥有中度到饱满的酒体，具有明显的樱桃、酸枣香气，口感丝滑轻柔，被称之为"丘比特之血"。

巴贝拉（Barbera）

巴贝拉是意大利本土经典葡萄品种之一，其酿造的葡萄酒是皮埃蒙特（Piedmont）最迷人红酒品种排行榜上的第二名。巴贝拉葡萄与歌海娜类似，皮薄颗粒大，单宁含量低，但是酸度非常高，且果香味高。巴贝拉葡萄酒非常适合佐餐，同时它可以在年轻的时候饮用，也可以陈放后饮用。经过橡木桶陈年过的巴贝拉葡萄酒，具备更加稳定的色泽，并有陈年的潜力。

内比奥罗（Nebbiolo）

内比奥罗是一个英雄的品种，之所以这么说，因为它是酿造皮埃蒙特最知名葡萄酒巴罗洛（Barolo）和巴巴莱斯克（Barbaresco）的品种。其中巴罗洛有着"王者之酒""酒中之王"的地位，内比奥罗极具有陈年的潜力，并且只有陈放十几年后才能展现其真正魅力（有些顶级的好年份，甚至可以陈放50年以上），被称为是世界上最不妥协的葡萄品种。内比奥罗单宁较高，复杂度较高，初学者或许不太适应，但懂酒者必定喜爱。

> **黑珍珠/黑达沃拉（Nero d'Avda）**
>
> 　　黑珍珠，我不仅喜欢这个名字、也喜欢这个品种酿成的葡萄酒，它来自意大利西西里岛，西西里岛虽然不是意大利最著名的三个产区之一，但却是我个人比较喜欢的产区。这里气候干燥，赋予了黑珍珠得天独厚的生长环境，它的口感与设拉子相似，其酿造的葡萄酒酒体饱满，有黑胡椒的气味，有黑色水果味道，具有陈年潜质。
>
> 　　虽然在每个品种中，我写了产区和国家，但这并不代表这个品种仅仅会出现在对应的这个国家，只不过，这个国家酿造的葡萄酒最优质、最知名或者最本土。

白葡萄品种

　　白葡萄的品种如下。

白葡萄最主要的品种	英文
霞多丽/莎当妮	Chardonnay
雷司令/蕙丝琳	Riesling
长相思/白苏维翁	Sauvignon Blanc
赛美容	Semillon
琼瑶浆	Gewurztraminer

中性魅力——霞多丽/莎当妮（Chardonnay）

　　在白葡萄品种中，霞多丽无疑是最受欢迎的品种，没有之一。第一是因为它种植广泛，世界各个种植葡萄的国家和产区，基本上都能找到霞多丽。第二是因为它"能屈能伸"，无论是在凉爽的产区还是在炎热的地带，它都可以酿造出让人欣喜的葡萄酒。第三是因为霞多丽葡萄酒虽然是白葡萄酒，经常可

Chardonnay
霞多丽

以酿造成口感复杂，酒体饱满，经过橡木桶陈年的风格，成为顶级品质的白葡萄酒。

相较其他白葡萄品种，霞多丽更中性一些。中性的意思是葡萄本身的果香会少一些，所以在发酵过程中，酿酒师们经常会对霞多丽进行一些处理，让它可以展现出更多的香气，比如说使用橡木桶，增加烟熏、烘烤的香气，或者进行苹果酸乳酸发酵产生奶油，黄油的香气，或者进行酒泥接触产生更多的酵母的香气等。不同的国家、产区由于不同的气候条件，酿造出来的霞多丽葡萄酒也会有不同的口感。在凉爽的产区，它尝起来会有绿色水果（比如梨和苹果）和绿色蔬菜（比如黄瓜）的味道。在比较温和的产区，例如勃艮第的大部分产区和一些经典的"新世界"产区，它品尝起来会有核果的味道（如桃子、杏的香气）。在温暖的产区，如大部分的"新世界"产区，它则会表现出有热带水果香气（如香蕉、菠萝，甚至是芒果和无花果香气）。

百变女郎——雷司令/薏丝琳（Riesling）

雷司令也是白葡萄品种当中较为流行的一种，她是比较多变的一个葡萄品种，被称之为"百变女郎"。她不仅可以酿造干型葡萄酒，由于是晚收型葡萄，还可酿造半甜型、甜型葡萄酒、贵腐酒或是冰酒。她的百变，让太多人对她爱不释手。干型雷司令葡萄酒，酸度高，有明显的柠檬、橘子香气，冰镇过后，口感清爽，十分开胃，是餐厅中必备的葡萄酒。其陈年后会有蜂蜜和烤面包的香气。

雷司令源自德国，目前是德国最主要的葡萄品种，而德国也是品质较好的雷司令生产国，与霞多丽不一样，雷司令干白基本上不会经过橡木桶陈放。在"新世界"产区中表现最佳的是澳大利亚的雷司令，只不过因为澳大利亚已经有了炙手可热的设拉

Riesling
雷司令

子、赤霞珠、美乐等国际认可的品种，遮盖了不少雷司令的锋芒，但澳大利亚人对自己的雷司令葡萄酒却不会忽视，在餐厅被点的概率极大，很多餐厅购买像桶装矿泉水那么大桶的雷司令葡萄酒，很多客人到了餐厅会先叫一杯雷司令，一边等餐一边品尝。不同产区的雷司令有着不同的味道：

凉爽产区：有绿苹果、葡萄伴有花的香气，有时也有一些柑橘和柠檬的味道。

温和产区：有柑橘和坚果的酸，橙或白色桃子的味道。

热带产区：有热带水果的香气，如桃子、杏、菠萝和芒果的香气。

诗情画意——长相思/白苏维翁（Sauvignon Blanc）

Sauvignon Blanc
長相思

最美的长相思来自世界的另一个"尽头"（世界最南的葡萄酒产区）新西兰，要等到佳人到来，还真是一条漫长的道路，难怪她被叫作"长相思"。长相思，所以她青涩，像竹笋，像发芽的青草；长相思，所以她淡然，稻黄色的舞裙，却舞出浓郁的清香；长相思，所以她如同野草闲绿，漫步庭间，闻悠悠花香；因为长相思，止于相逢时，所以千万不要错过这么诗情画意的葡萄酒。

这个品种最大的特点是，虽然为白葡萄品种，但是却有非常明显的草本植物香气，如青椒和芦笋，这应该是基因决定的，她也正是赤霞珠的"妈"，所以难怪赤霞珠的典型香气中也会有青椒和草本植物的香气。

> 汴水流，泗水流，流到瓜洲古渡头，吴山点点愁。
>
> 思悠悠，恨悠悠，恨到归时方始休，月明人倚楼。
>
> ——白居易《长相思》

性感丰满——赛美容（Semillon）

作为白葡萄品种，赛美容属于酸度较低的品种，有时与酸度高的长相思搭配，能生产出味道非常平衡的白葡萄酒。赛美容虽不常见，但却是波尔多三个法定白葡萄品种之一，在澳大利亚赛美容也曾经非常流行，其流行的程度一度与雷司令并肩。只可惜后来冲出一匹黑马——新西兰的长相思，取代了赛美容的位置。可谁知道在赛美容最流行的时候，还无人看得上长相思呢。时至今日，赛美容还是澳大利亚重要的白葡萄品种之一，也是世界上常见的白葡萄品种之一。

单一品种赛美容酿成的酒酸度低、口感细腻、酒体丰满，陈年过的赛美容葡萄酒会出现奶油的味道。赛美容除了用来酿造干白，也会用来酿造甜酒和贵腐酒，会出现蜂蜜和杏的味道。

曼妙妖娆——琼瑶浆（Gewurztraminer）

长相思、赛美容、琼瑶浆，比起红葡萄品种，白葡萄品种的名称翻译成中文时似乎更诗情画意了一点。所谓琼瑶浆，自是琼浆玉液，美妙不必多说，琼瑶浆被称之为"芳香型"葡萄品种，有浓郁的香气和强烈的荔枝味道，伴着其他花香、果香，一杯在手，如手持百花，更妙的是，琼瑶浆酒体饱满、口感强劲，伴有辛辣的味道，可谓刚中带柔、刚柔并进，一杯入口，美不胜收。

其他白葡萄酒品种

灰比诺（Pinot Gris）

　　灰比诺是黑比诺的又一个"亲戚"，因为中文翻译中都有"比诺"，经常会被一些初识葡萄酒的人误认为是一个红葡萄品种。虽然灰比诺是白葡萄品种，但或许是因为有着黑比诺的"基因"，它能酿造出酒体丰厚、浓重的葡萄酒，甚至可以搭配红酒配餐一同食用。同时它也能酿造出清爽活泼的葡萄酒，比如在意大利一些比较凉爽的产区，能酿造清爽易饮的白葡萄酒。

维欧尼（Viognier）

　　经常有人问我喜欢什么葡萄品种，如果是红葡萄品种，我会觉得很难回答，都不错啊！赤霞珠、设拉子我都喜欢，很难选择，但当被人问起最喜欢的白葡萄品种时，我会毫不犹豫地回答，那就是维欧尼了。维欧尼，在还没有"芳香型葡萄品种"这个概念的时候，我就注意到她那极其独特、浓郁的香气。有人说是桃子、杏、香水……但我真的说不清，只觉得她包含了太多太多的香气，用一两个词汇去形容是远远不够的，与琼瑶浆葡萄酒一样，它金黄色的酒体浓郁而丰满，酸度低。值得一提的是，维欧尼与黑比诺一样，对种植环境的要求非常苛刻，所以维欧尼很少会有价格低廉的，可谓是天生的矜贵。

Viognier
维欧尼

玫瑰香（Muscat）

　　玫瑰香，现在更多的叫法是叫麝香葡萄，或者莫斯卡托葡萄品种，虽然它本自跟玫瑰和麝香都没有关系，是一个芳香型的白葡萄品种。玫瑰香可以被酿造出多种形式的葡萄酒，如起泡酒、甜酒、干型葡萄酒，通常带有明显的葡萄香气。好玩的是，所有这些100%用葡萄酿造出来的葡萄酒中，有花、青苹果、柑橘、烟熏、烘烤、巧克力等一系列香气却唯独没有葡萄香气，而玫瑰香葡萄品种打破了这个怪现象，也算是功臣一枚。

　　虽然这里介绍的白葡萄品种比红葡萄品种少，但并不代表实际上红葡萄品种更多，只是因为目前在中国，人们还是更接受红葡萄酒，所以选择红葡萄酒的自然更多，大家能接触到的品种中，自然也是红葡萄酒多一些。

第四节

葡萄酒的酿造过程

　　有一本书叫作《在那葡萄变成酒的地方》，非常生动、具体、细致地描写了酿造葡萄酒的整个过程，从采摘开始一直到酿酒师品酒整个过程，都写得非常详细，是一本难得的好书。对葡萄酒酿造感兴趣的朋友，可以看看这本书。而作为普通的爱好者和消费者，大概了解原理就可以了。

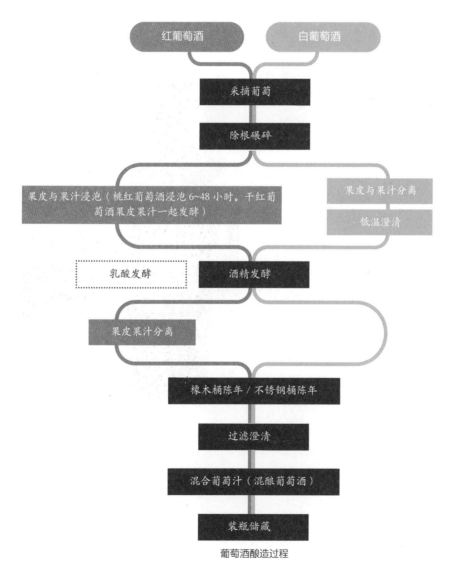

葡萄酒酿造过程

干型葡萄酒

前面提到了干型葡萄酒的特点，这里不再赘述。

从上页的这个流程图中可以看出，红葡萄酒、白葡萄酒、桃红葡萄酒酿造过程的区别，就在这个葡萄皮（也包括葡萄子）上。最快与葡萄皮、子分离的是白葡萄酒，在碾碎过程结束后直接分开，只用葡萄汁去发酵。然后是桃红葡萄酒，碾碎后葡萄皮和子与葡萄汁在一起浸泡一段时间后分离，再用葡萄汁去发酵。最长的是红葡萄酒，是葡萄皮、子与葡萄汁一起发酵，葡萄皮和子参与到整个发酵过程，增加葡萄酒的颜色和单宁，直到发酵结束后才会分开。

乳酸发酵，一般在酒精发酵结束后进行，通常也被叫作二次发酵，全称叫作苹果酸–乳酸发酵。葡萄酒在发酵过程中会产生苹果酸，苹果酸会导致葡萄酒本身的口感粗糙，而乳酸菌可以很好地分解葡萄酒当中的苹果酸，使得葡萄酒口感变得更加圆润柔和，酸度降低，改善了口感。

混合葡萄汁。这是我最喜欢的环节，虽然我从来没有参加过。中国人很敏感"勾兑"这个词，而习惯用"混酿"。其实严格意义上来说，用两种或以上葡萄品种的酿造葡萄酒，并不是把葡萄放在一起绞碎了后

干型红葡萄酒

混着酿，而是各自酿成葡萄酒之后，再来混合出新的葡萄酒，而这个过程就叫作混合葡萄汁，当然单一品种的葡萄酒就不需要这一步了。

混合葡萄汁的过程就是酿酒师将已经发酵好的葡萄酒按照不同的比例相互勾兑，然后经过反复试喝、品尝，从中选出口感表现最好的比例制作成为一款新酒。相比较来说，"旧世界"葡萄酒生产国的混酿葡萄酒比"新世界"的比

例要多些，如法国波尔多的葡萄酒大部分都是混酿，而澳大利亚的葡萄酒则多为单一品种，甚至很多在"旧世界"从来不会被单一酿制的品种，也会有机会以单一品种葡萄酒的形式出现在"新世界"。

当然，需要了解的是，混合指的不仅仅是不同葡萄品种之间的混合，也包括来自不同葡萄园的葡萄，不同的酿造方式，不同的橡木桶中的葡萄酒，甚至不同年份的葡萄酒之间都可以进行混合。

起泡葡萄酒

起泡葡萄酒，如果大家没有什么概念，而且还没有机会尝试过，可以想象一下苏打水或者可乐。都是一个道理，水中有二氧化碳，开瓶时会有一股气体冲出，入口时嘴中会有泡泡在跳跃的感觉。

起泡葡萄酒，是在葡萄酒完成酒精发酵之后，再在酒中加入或生成二氧化碳，使其产生气泡，被叫作二次发酵。

起泡葡萄酒的酿造过程

采收	手工采收
碾碎压榨	取汁
澄清	重力澄清
第一次发酵	10~15天，酿酒师决定是否要苹果酸–乳酸发酵
瓶内二次发酵	加入糖和酵母。6周
酿母自溶	15个月至3年
摇瓶	倒立葡萄酒瓶，6~8周让沉淀物聚集在瓶口
吐泥	将瓶口2.5厘米浸入零下20℃的液体中，开瓶取出酒泥
补液	补加液体

添加二氧化碳方法	添加方式	用处
瓶中二次发酵法	装瓶是为了能在瓶内放入糖分使其在瓶中再次发酵，发酵时会生成二氧化碳	香槟葡萄酒，用中性葡萄品种酿造的起泡葡萄酒
罐中二次发酵法	装瓶前在罐内进行二次发酵，生成二氧化碳	用于芳香型葡萄品种酿造的起泡酒
二氧化碳添加法	酒精发酵结束后，不再进行二次发酵，直接加入二氧化碳	用于价格低廉的起泡葡萄酒

至关重要的温度

温度是葡萄酒的生命。从葡萄种植，到发芽、成熟、采收，再到碾碎、发酵、木桶内陈年、灌装、运输、瓶内陈放，最后到开瓶、饮用。每一个环节都离不开对温度的依赖和要求。虽然说葡萄酒发酵酿造过程中的温度控制很重要，因为它决定了葡萄能不能被成功地酿成酒。但是对于葡萄酒消费者、爱好者来说，葡萄酒的储藏温度和饮用温度更加重要。

葡萄酒的饮用温度

甜酒：6~8℃

起泡酒：6~10℃

轻酒体白葡萄酒：7~10℃

饱满酒体白葡萄酒：10~13℃

轻酒体红葡萄酒：13℃

中到饱满酒体红葡萄酒：15~18℃

首先是储藏的温度。同时这又一次能很好地证明"葡萄酒是有生命的"这一说法。生命的过程是一个变化的过程，从青涩到成熟，到巅峰，再到衰退，每一个生命都会经历这样的一个周期，葡萄酒也是如此。虽然已经是灌装好的葡萄酒，但是在瓶内葡萄酒同样会经历一段成熟、巅峰和衰退的过程。过高的

储藏温度，会加速它的成熟速度，也加速了它的生命进程，并出现不好的气味。而过于凉爽的储藏温度，则会减慢它的成熟速度，在气温过低的时候还会出现一些沉淀物，给葡萄酒造成不好的影响（虽然对身体无害）。葡萄酒的最佳储藏温度是在10~15℃。通常情况下，藏酒的地方不会只储藏红葡萄酒，

温度对葡萄酒口感的影响

温度过高： 甜味增加，单宁的口感减少，酒精感加强。

温度过低： 甜味的感觉减少，单宁感觉更明显，涩和苦的口感增强。

或白葡萄酒，也不会区分不同空间储藏。所以，饮用之前，白葡萄酒还需要冰镇，而红葡萄酒则需要稍微回温一点再饮用。

对于饮用葡萄酒的温度更是要注意，如果一瓶葡萄酒好不容易经过了种植、采摘、发酵、运输、储存，到了你的餐桌上，只因这最后一步温度没有把握好，而使得葡萄酒没能发挥出它应有的特色。我想，酒都会流泪了！喝对一瓶好喝的酒，是酒的主人对这瓶酒应该尽到的责任！

红葡萄酒中最重要的元素单宁受温度影响很大，在常温下喝起来口感觉得适中的单宁，在低温情况下的涩感会更加明显。相反的，白葡萄酒因为不含或少含单宁，所以在口中收敛的感觉哪怕温度低也不会明显，而且低温可以增加高酸带来的清爽感，所以多采用较低温度饮用。另外，有甜度的葡萄酒饮用时的温度越高，甜的感觉则越明显，所以甜一些的酒，最好在低温情况下饮用，不然会觉得有些腻人。

第五节

葡萄酒品鉴

"空无一人这片沙滩，风吹过来冷冷海岸，我轻轻抖落鞋里的沙看着我的脚印……"

如果你曾经在品尝一款葡萄酒的时候，有想象过用这样一段歌词来描绘当时的心境、口感、情景，那么这一章节，你可以跳过了，因为你已经对品酒与描绘游刃有余、无拘无束了，能有这种《神之雫》（日本葡萄酒漫画）里边才能看到的品酒境界想再变正常都难了！本章节中只介绍正常的品酒步骤。

品酒三部曲 ▶━┥

怎么样去品酒？什么样的酒是质量好的？这样的酒有什么特点？国际上有一套比较统一的做法，分为三步，看、闻、品。

看，看酒的颜色，看酒的清晰度，看酒与杯子接触边缘的过渡色，看酒在杯子上的挂杯。如果知道是哪一种葡萄酿的，有些人通过颜色就可以看出葡萄酒的年龄。如果不知道是哪一种葡萄酿的，看颜色也可以大概确定出葡萄的品种。

　　闻，闻葡萄酒，一般要在酒杯中晃一晃，然后将鼻子靠近，去闻有哪种香气、气味的强度和复杂度（果香以外的其他香气）。有的时候，一瓶好酒在打开瓶盖的那一瞬间，整个屋子都可以闻到酒香。有些人通过闻气味，就可以确定酿酒葡萄的种类（大部分单一品种的葡萄酒通过颜色与气味就可以确定它的品种）。当然气味除了可以确定所用的葡萄品种，还可以根据香气的复杂度和强度来确定葡萄酒的质量。

　　品，品葡萄酒的味道，品它的口感（酒的平衡度、强度、复杂度、酒精含量、余味的长度、单宁含量，总称葡萄酒的口感）。有些人可以品出来很多，品种（包括勾兑过的品种）、质量、年份、酒庄、葡萄园等。有个夸张的说法，品酒大师甚至可以品出喝的酒是由哪片葡萄园中哪一行葡萄酿造的，的确很夸张，不过也不是完全不可能。

看　　　　　　　　　闻　　　　　　　　　品

　　国际通用品酒规则到这里就介绍完毕了。每一个接受葡萄酒基础知识培训的人，都会学习这一步，所以，我也把这三个基础步骤列举在这里。但是，我认为有两种人大可不必用这样的方法品酒。第一种人是初识葡萄酒的朋友们，刚刚接触葡萄酒的人，马上就让他们了解描述葡萄酒的具体词汇，很大程度上会限制了他们对葡萄酒的了解。另外，刚刚开始喝葡萄酒的人，很少会懂得欣赏单宁饱满、强度高、复杂度高这种国际上公认的优质葡萄酒，更多的人会喜欢花果香更明显的酒款。而且本来也是这样的，并不是得分高的酒，就是适合每一个人的酒，刚接触葡萄酒的人更可以随心所欲，不要在一开始就被这些条条框框约束住了，而怀疑自己的品位。

　　第二种人是已经对葡萄酒非常熟悉了，喝葡萄酒对他们来说是一种享受，品酒成了一种穿梭于各种味道之间的畅游。对于这个层次的爱好者来说，那些简单的品酒词汇，显然已经不足以用来描述他们对某一款酒的感受了，这样的人更可以随心所欲，他们可以把品酒词写成一首诗、甚至联想成为一个故事、一种感觉，或一个人……

入门阶段是短暂的，要达到可以"随心所欲"的境界是需要一段时间修炼的，所以大部分人还是需要用传统的方法训练对各种气味的分辨能力，需要多尝试各个国家的各种酒款，正确使用品酒的描述词汇，慢慢累积品酒的经验。当然，还有一种较捷径的办法，就是多喝，喝多了，自然也就对各种酒的味道熟悉了。

闻香识酒

品酒，也许很多人的第一个感觉是用嘴、用舌头，是"喝"这个动作，而我当初学习品酒的时候，总是感觉葡萄酒的气味更独特一些，所以我用更多的时间在"闻"这个动作上，但那时我不知道自己的这个想法是否正确，直到老师告诉我这是对的。

为什么品酒更重要的一步是闻，更重要的感知器官是鼻子呢？

因为从颜色上，红葡萄酒不过就是从深红到深紫色系，年份长的一些可呈现栗色。白葡萄酒主要以黄色为主，或深一些略接近金黄色，或浅一些接

葡萄酒的12大香气

花香（Floral） 果香（Fruity） 辛香料香（Spicy）

草本植物香（Herbaceous/Vegetative）

木香（woody） 坚果香（Nutty） 焦糖香（Caramelized）

微生物气味（Microbiological）

土质气味（Earthy） 化学药味（Chemical）

刺鼻性气味（Pungent） 氧化气味（Oxidized）

近稻草黄色。从味觉上，舌头可以辨别的味道不过4种，甜、咸、酸、苦，舌尖为甜，舌前两侧为咸，舌中两侧为酸，舌根中间为苦。且品尝这一步骤还是由味觉与嗅觉系统合作共同完成的。

一篇获诺贝尔奖的研究发现，嗅觉系统由将近1000种不同基因编码的嗅觉受体基因群组成，这些基因群交叉组合可分辨并记忆1万多种气味。远远超过视觉和味觉可以分辨的程度。

葡萄酒的香气主要分为三类：来自葡萄品种本身的一类香气。发酵过程产生的第二类香气和在橡木桶陈年或瓶内陈年产生的第三类香气。

分数——葡萄酒也要高考 ▶━┥

在葡萄酒的评分制度中，常见的是100分制和20分制。最常见的百分制评分杂志分别是：WS（《葡萄酒鉴赏家（Wine Spectator）》杂志）；WA（《葡萄酒倡导者（Robert Parker's The Wine Advocate）》杂志）；W&S（《葡萄酒与烈酒（Wine and Spirits）》杂志）；WE（《葡萄酒爱好者（Wine Enthusiast）》杂志）。最常见的20分制多见于英国和澳大利亚。

分数的作用是很大的，对于酒商来说，分数可以决定酒款的选择，商家都喜欢选择有分数且分数较高的葡萄酒来卖，所以有分数、高分数的葡萄酒会获得更多商家的选择，让更多的人认识。卖酒时，这个分数与学生高考分数作用差不多。高中一个年级，那么多学生，大家一起学习、上课、完成同样的作业，拉出去站成一排，个个也都是有鼻子有眼的，大学校长无法决定该录取谁，总不能跟每一个学生去谈心，挨个儿了解了之后再决定录用谁。所以出现了高考这样的制度。

葡萄酒的分数也是一样。酒款太多了，排成一排大小长短都差不多。要想不用挨个儿品尝就能快速了解每一款酒的质量及口感情况，最好的办法就是查看葡萄酒的分数。不过，与高考不同的是，不是每一款酒都有分数，也不是所有分数都有相同的标准。

对于葡萄酒爱好者、购买者来说。分数是一种"记忆"，当我们品过一款酒，如果不对比，不做任何记录，喝过之后对酒的感觉会慢慢忘却。日常人们很少有机会同时喝几款葡萄酒去做对比。所以葡萄酒爱好者们，会习惯品酒时做简单的品酒笔记，给这款酒一个总体感觉的分数。这样就可以客观地记住当时对这款酒的感觉了。

目前最具世界影响力的品酒人是罗伯特·帕克（Robert Parker），他是《葡萄酒倡导者》杂志的酒评家，也算得上是葡萄酒界中最著名的人。他曾经被要求在节目现场品尝他曾经品过的10款酒并给出分数，结果8款酒都与他曾经给出的分数相同。他的舌头和鼻子基本上是行业内的一把标尺。不知道有没有保险公司乐于给他的舌头和鼻子投保，价值应该不菲。当然《葡萄酒倡导者》中并不只有罗伯特·帕克一位酒评家，每位酒评家会分别负责不同的国家和产区。值得一提的是，罗伯特·帕克原来是一名律师，20岁之前他只爱喝可口可乐，1967年的圣诞节，他赴法国与女朋友帕特里夏（后来的妻子）一起度假，当天晚餐时，帕克第一次喝葡萄酒，从此便爱上了葡萄酒。1984年3月9日，他辞去了法律顾问助理的职务，开始致力于葡萄酒的写作。葡萄酒这个东西，只要开始喝了，什么时候都不晚！

WA（《葡萄酒倡导者》杂志）评分体系

评分	详细说明
96~100分	极好：酒体丰富，层次多样，有该品种酿造出最好的葡萄酒所期望的所有特征
90~95分	杰出：酒体平衡，具有特殊的层次性以及该品种的特征，是非常出色的葡萄酒
80~89分	很好：比一般好酒显得更加突出一些，有不同程度的风味，没有明显缺陷
70~79分	一般：一般水平的葡萄酒，风格简单
60~69分	不好：低于一般水平的葡萄酒，有明显缺陷
50~59分	低质：不及格

其他100分制评分体系的标准与WA评分体系有微小的区别，但是大体上分数所代表的质量差不多。基本上70分以下的酒在市场上是很少见的，因为，即便是有很多酒是70分以下的，酒商也不会把这么不给力的分数拿出来展示。能见到分数的，大部分都是80分以上的葡萄酒。除了100分制，20分制评分体系也十分常见，个人认为更好用，我私下品酒及与朋友同事之间交流都是使用20分制。如今100分制更流行，但实际上20分制的成形早于100分制。我曾看到杂志上说20分制目前多

用于"旧世界"葡萄酒。只是，我们现在看到的很多"旧世界"葡萄酒都是100分制的，反倒是在澳大利亚的葡萄酒有时用的是20分制。

20分制评分体系将葡萄酒的各项指标分配成具体的分数，比如简单一些的杰西斯·罗宾逊（Jancis Robinson）评分体系，颜色和外观占3分，香气占7分，口感占10分。还有比较具体一些的，如加利福尼亚大学戴维斯分校（UC DVIS）评分体系，外观占2分、颜色2分、香气4分、酸度4分、甜度1分、苦味1分、酒体1分、风味1分、单宁2分、总体质量2分。我认为刚接触葡萄酒并且想要记录分数的爱好者，可以使用20分评分制。因为具体项目对应具体的分数，评起来会更容易一些。不过，我个人感觉杰西斯·罗宾逊的有点太概括，而加利福尼亚大学戴维斯分校的又太过具体了。

所以，可以尝试下面这种分配方式：

项目	分数	分数细分
外观和颜色	2分	澄清度1、颜色1
香气	6分	强度2、复杂度2、香气2
口感	10分	强度2、复杂度2、平衡度2、单宁1、持久度1、香气2
总体感觉	2分	—

等级划分：非常出众18~20分；品质优秀15~18分；可以销售12~15分；有缺陷9~12分；不及格9分以下。

需要说明的是，上面这个评分体系，是我和公司员工进行品酒培训或者为公司挑酒时使用的，分数基本是平均分配给每一项葡萄酒应有的表现，并没有明显的侧重点（其实也有，稍微侧重了一下葡萄酒的强度和复杂度）。当你用于自己品酒记录时，完全可以根据自己的喜好对分数进行调整。比方说，有人喜欢单宁丰富的葡萄酒，可以增加单宁的分数比例。缩小其他你不是很喜欢或者不看重项目的分数比例。再比如，你更喜欢经过橡木桶陈年过，有橡木风味的葡萄酒，也可以把这一点加入到分数的分配中。又或者说，你根本就不在乎外观和颜色，同时又喜欢果味丰富的酒，也可以减少外观和颜色的分数，增加果香的分数比例。这样，你就更容易从记录的分数中知道，自己更喜欢哪一款酒。

不一定国际上评分最高的葡萄酒，就是最适合你口感的。品酒时最重要的还是从中挑选出你最喜爱的葡萄酒，所以，根据自己的口感制定评分标准也未尝不可。

当然，除了100分与20分制外，还有其他的一些评分体系，比方说星级评分体系，与星级酒店一样，给酒分为五个星级档次，五星为最好等级。

如何写品酒笔记 ▶━┥

看（Appearance）：好的葡萄酒外观应该澄亮透明（深颜色的酒可以不透明，1分），有光泽，色泽自然、悦目（1分）。

闻（Nose）：取决于香气的强度、复杂度、纯粹感（4分），香气应该是葡萄的香味（果香、花香、植物香气等）、发酵的酒香（菠萝、香蕉、荔枝、香瓜、苹果、梨子、草莓、杏仁、桃子、蜂蜜、酵母、桂皮等气味）、陈年的醇香（蘑菇、雪松、甘草、皮革、烤面包、榛子、焦糖、咖啡、黑巧克力、烟熏、矿物质、泥土等气味），这些香气应该平衡、协调、融为一体（2分），香气幽雅、令人愉快。

品（taste）：好的葡萄酒口感应该是舒畅愉悦的，各种香味应该细腻、柔和、酒体丰满、完整（3分），强度、复杂度较高（4分），有层次和结构感，果味、单宁、酒精、酸度、甘油、糖分均衡（2分），余味绵长（1分），酒的总体质量水平或陈年潜力（2分）。

很多葡萄酒爱好者都知道喝酒要做品酒笔记，但是说起来容易，做起来麻烦，很多人都不知道应该写些什么。其实看过之前评分标准的介绍，心里应该有一个大体的概念了。这里有一个品酒笔记的表格（见63页），大家可以根据这个例子，在表格内具体记录下来你喝某一款酒时的真实感受。

　　这个表里所谓的强度和复杂度，可能有些朋友不太明白怎么去衡量。强度指的是当你闻上去或者喝的时候，酒香是不是很强烈，是属于那种离得很远就可以闻得到，还是需要使劲去摇、凑近鼻子也很难闻得到的。一般来说，有属于葡萄品种应该表现出来的香气，且强度高的葡萄酒更会受到大家认可。

　　复杂度，指的是葡萄酒的气味复杂，如果葡萄酒富含水果味道以外的香气，如橡木味、烟熏味、蜂蜜味、胡椒味、甘草味、皮革味、矿物质等，那么则说明这款葡萄酒的复杂度较高。如果只能闻到水果的香气，则复杂度较低。一般来说，除了臭鸡蛋味等不良气味，复杂度高的葡萄酒被认为品质和口感会更好一些。当然，这也因人而异，有些人或许就喜欢果香味十足的葡萄酒，而排斥其他太重的味道。

　　另外还需要在表格的上方注明葡萄酒的基本信息，如酒庄、酒名、国家、产区、品种、年份和酒精含量。

品酒笔记的表格

看 Appearance	闻 Nose	品 taste	评分：
颜色：	强度：	强度：	酒号： /6
澄清度：	复杂度：	复杂度：	看： /6
		橡木味：	闻： /6
其他：	描述：	单宁：	品： /12
		酒体：	总： /20
		酸度：	
		余味：	描述：
		平衡度：	

品酒笔记的表格

品酒笔记的例子

看 Appearance
颜色：
澄清度：干净、不干净、浑浊、明亮等
边缘颜色、挂杯、有无沉淀物等

闻 Nose
强度：弱 中 强
复杂度：不复杂、中等、复杂

描述：
有无橡木味道
其他气味描述，青草、苹果
例：樱桃味、柠檬味、
胡椒味、辛辣味、葡萄、甘草、
杏仁、蜂蜜、甘草、皮革等

品 taste
强度：弱 中 强
复杂度：不复杂、中等、复杂
橡木味：有、无、轻、重
单宁：有、轻盈、中等、重、饱满
酒体：低、中、高、清、涩
酸度：低、中、高
余味：短、中、长
平衡度：不平衡、较平衡、平衡

描述：
其他味道描述，
例：红色水果、
果酱、坚果、烤
面包、青草等。
葡萄酒的总体感
觉、评价。

评分：
酒号： /6
看： /6
闻： /6
品： /12
总： /20

品酒笔记的例子

第六节

葡萄酒的名片——认识酒标

酒标——葡萄酒的名片、葡萄酒的衣裳，甚至是葡萄酒的身价！

了解酒标是了解葡萄酒的一个开始。无论是在选择、购买，还是品尝葡萄酒时，酒标都是这款葡萄酒的第一手资料。

酒标的作用和组成部分

葡萄酒的酒标与人的名片作用大致相同，甚至比人的名片作用还要大。人还可以从他的相貌、衣着、谈吐猜出个大概，葡萄酒则更加神秘一些，绝大部分的葡萄酒除了凹槽和瓶子上有些许差别之外，基本再看不出来什么了。如果没有酒标，真的很难了解关于葡萄酒的任何信息。

先看下比较平实的葡萄酒名片。

年份 ....

公司 Logo

酒的名称

葡萄品种

产区

酒标

　　一些"旧世界"国家，对酒标上的信息有相关要求并制定了法规，比如说，必须标明产地、年份、葡萄品种等，再比如说某葡萄品种必须是占到85%以上的比例才可以用"单一品种"字眼标注在酒标上。"新世界"国家，对于酒标内容的规定会比较宽松，酒标的内容和样式创作发挥的空间很大（有一家酒庄出了以历史人物头像为酒标的酒款），有些可能只是一些简单图案，也有些更抽象甚至更离谱的都有可能。因为商家们非常明白"人靠衣裳酒靠标"的道理，一排葡萄酒看过去，酒和酒之间也就只有酒标可做区分，若不能抓人眼球，那就连被品尝的机会都没有。假设把拉菲葡萄酒的酒标换作其他毫无名气或者自己制作打印的酒标，同样会无人问津，反过来，把其他品质一般的酒贴上拉菲的酒标，就可以卖到成千上万的价钱。这不是开玩笑，否则，拉菲葡萄酒的消费量怎么会比拉菲酒庄的产量要多上几十倍？可见酒标的重要性！

　　大致来说，酒标上的内容包括：酒庄名、公司Logo、酒名、葡萄品种、产区、国家、级别、灌装信息、年份、酒精含量、容量、甜度等。除了正标外，酒瓶背面会有一个更详细的标签，这种正背标的搭配也如衣服的标签一样。酒的背标信息含量不一定比正标多，但往往会看起来比正标文字要多，大多数会写一些酒的口感、酒庄、葡萄园或者酿酒师的信息。原装进口葡萄酒一般正标都是原

英文背标　　　　　　　　　　　　　　　中文背标

装的，而酒的背标，根据国家的规定，需要在原装背标上贴有进口国家文字的背标。所以我们在超市、专卖店买葡萄酒的时候，会看到酒背标上有中文。而这个中文背标在尺寸、字体、字大小、间距上都有详细的规定，例如"包装物或包装容器最大表面面积大于20平方厘米，强制标示内容的文字、符号、数字的高度不得小于1.8毫米……饮料酒的净含量一般用体积表示，单位：毫升或mL（ml）、升或L（1）"（详细内容可以在网上查找《预包装饮料酒标签通则》）。

对于葡萄酒爱好者而言，背标的规定与我们享用葡萄酒没有太大的关系。不过，了解背标的规格有助于消费者在选购酒的时候区分真酒、假酒和水货。虽然这不是百分之百的可以区分的办法，但的确有很大一部分水货和假的进口葡萄酒在背标上做得不那么规范。我曾经见过"很水"的奔富背标，酒是不是假的不得而知，但是中文背标就是一张普通打印纸打印出来的纸条，上面用很小的字写着一个公司名称和地址，很不正规。建议大家还是要到正规的经销商或者代理商处选购葡萄酒，不要以为水货就会便宜很多。那些卖水货的人不过是想给自己更大的利润空间，而不是给消费者更多的利益。如今新西兰葡萄酒进口已经实现零关税，慢慢发展，我相信会有越来越多的国家的葡萄酒可以降低进口关税。

　　说到酒标，就不得不说世界上最有艺术气息的酒标——法国波尔多木桐酒庄的酒标。木桐酒庄在1924年就聘请立体艺术家让·卡路（Jean Carlu）设计酒标，并使用了20年，1945年二战结束后，木桐酒庄开始每年邀请一位艺术家为其设计酒庄的酒标。其中有两年（1996年和2008年）是由中国艺术家创作的。这样做可以让大家对产品（或产品的某一部分）形成一种收集习惯，甚至有了收藏的欲望，这样的产品想不赚钱都不行了。

如何辨别真假拉菲酒标 ▶━┥

大拉菲

　　拉菲葡萄酒在国内是家喻户晓的品牌，虽然这两年价钱降了不少，但仍然是面子佬们最爱的选择。在拉菲降价后我还接到过一个电话，个人购买，开口就要30瓶，我问其他名庄酒行不行？对方回答：不行，只要拉菲。

　　我曾经在微博中调侃，看到一则新闻报道拉菲（大拉菲加小拉菲）年产量最多的时候是5万箱！分到中国的更是少数，但是中国每年拉菲的销量能有50万箱。拉菲已然成了国产品牌！这句玩笑说完没多久，拉菲在山东就建立了酒庄，建立了没多久，当我再一次浏览葡萄酒新闻时，偶然发现拉菲酒庄的新闻被很显眼的归在了"国内资讯"栏目里。不知是网络编辑有意为之，还是无心之举，总之拉菲，如我所说，越来越接地气了。

　　国内拉菲的造假指数，按照道行深浅可分为三个级别：

　　最"低级"的一种，让人看了忍俊不禁，但市场上的的确确有这样的产品，曾经还有同事收到的礼物就是假拉菲，不仅酒标与真拉菲的酒标相差十万八千里，就连酒的中英文名字，都与拉菲酒庄有些许差别。看上去很像，中文名中也有拉菲两个字，但其实与拉菲酒庄完全没有任何关系，可以说它是在"打擦边球"，借着拉菲的名气卖而已。但其酒标上却真真切切放了拉菲罗斯柴尔德集团

真假小拉菲图片（左假、右真）

的五剑标志，我实在想不通，既然酒标和名字都已经表明了是在针对那些对拉菲丝毫不懂的家伙，何必还要放一个拉菲的标志在上面？比较让人担心的是这种酒在市面上的价格最少要在2000元以上，但是成本应该也就是5~20元，稍微有点良心的，里面放点从其他"新世界"国家进口的原浆，没良心的里面放点什么都有可能。不过稍微留心一点，到网上查些资料，就能很轻松地辨别出来（这款酒至今为止在中国市场上依旧很活跃）。

　　不太好辨认的是"中级"伪装型，这类制造商针对了解拉菲酒标的人群，采用与拉菲酒庄一模一样的酒标，自己印刷灌装贴标，然后再拿出来卖。如果不仔细看，或者如果消费者不完全了解拉菲葡萄酒酒标以外的其他细节，那么这样的"拉菲酒"看上去与真的相差无几，蒙人成功率极高。我认为这样的酒最是缺德，成本与"低级"的那种一样，几元钱到十几元钱而已，但是却可以卖到与真正拉菲一样的价格，几千甚至到几万都有可能。若装成是1982年的拉菲，就算它成本是5元，也可以卖到5万元，可谓真正意义上的一本万利。所以，也不难理解，为什么那么多人在卖假拉菲酒了，这样好赚的钱，绝对对道德诚信是一个挑战。不过，如果多加了解拉菲葡萄酒的其他细节，仔细去辨认，这种山寨"拉菲"还是可以辨认出来的，比如真正的拉菲酒标的颜色没有那么黄，图片质感也会更高。

2008年拉菲

　　最让人无奈的就是"最高境界"的假拉菲，制造者从网上或其他渠道购买回收拉菲酒瓶，用这些真酒瓶倒入其他葡萄酒，再被当作正品拉菲的价格卖出去。拉菲葡萄酒瓶，根据年份的不同，价格也会不一样，这瓶（右图）是2008年的，卖300元，若是1982年的，则可以卖到2000元甚至是3000元。所以在这里我也小小建议一下，有能力喝到真拉菲的人，一定也不会差那点钱，瓶子不要随便赠人，自己留着珍藏好了。中国的真酒本来就不多，只要喝的人不让酒瓶流传出去，这样的"面子拉菲"就会越来越少。

　　如何辨别拉菲真伪，首先从了解拉菲葡萄酒开始，最简单的办法是去浏览拉菲的官方网站 [http：//www.lafite.com/chi（中文版的），或者直接在搜索引擎中搜索拉菲官方网站即可]。在首页即可查看到，拉菲罗斯柴尔德集团的所有酒庄，拉菲古堡只不过是其中的一个酒庄。

> ╭─ 小贴士 ╮
>
> 拉菲罗斯柴尔德集团名下的酒庄包括：
>
> **波尔多酒庄**
>
> 　　拉菲古堡Chateau Lafite Rothschild
>
> 　　杜哈米隆古堡Chateau Duhart-Milon
>
> 　　莱斯古堡Chateau Rieussec
>
> 　　乐王吉古堡Chateau L'Evangile
>
> 　　卡瑟天堂古堡Chateau Paradis Casseuil
>
> 　　岩石古堡Chateau Peyre-Lebade
>
> **其他产区酒庄**
>
> 　　奥希耶古堡Chateau d'Aussieres
>
> 　　巴斯克酒庄Vina Los Vascos
>
> 　　凯洛酒庄Bodegas Caro
>
> **拉菲罗斯柴尔德集团精选系列**
>
> 　　传奇系列Legende
>
> 　　传说系列Saga
>
> 　　珍藏系列Reserve Speciale

　　当人们说到拉菲酒的时候，大部分指的只是波尔多酒庄中拉菲古堡的两款，大拉菲（拉菲正牌酒）和小拉菲（拉菲副牌酒）。所谓副牌酒，是指当某一年份，或某些葡萄，或某些产地达不到酿制拉菲正牌酒的要求时，则被用来酿制拉菲副牌酒。当然，这也是要符合一定质量要求的，所以大小拉菲的价格均不菲。另外，拉菲传说、拉菲传奇，经常会被一些不了解情况的营业员介绍成为拉菲副牌酒，所以请酒商们认真培训营业员，也请大家学会鉴别，拉菲传说、拉菲传奇和拉菲副牌酒的酒标相差甚远，并不易混淆。

　　从2009年份起，拉菲古堡的每一款酒在封瓶处都会贴上Prooftag气泡防伪标签（副牌酒从2010年份开始使用），一些年份早但在2012年2月份之后才运出的拉菲酒瓶上也有使用。防伪标上的代码为字母和数字的组合，消费者可以登录拉菲官方网站检验，在输入字母和数字组成的代码后，与其相对应的气泡代码则会出现在屏幕上。经验证一致的气泡代码和一个完整且与酒瓶粘贴完好的密封章可以确保葡萄酒的真实性。

至于那些没来得及使用这个防伪方式的拉菲酒，可以通过以下三个办法进行简单地辨认：

第一，看酒的名称。拉菲正牌酒的英文是：CHATEAU LAFITE ROTHSCHILD（全部都是大写），拉菲副牌酒的英文是：CARRUADE de LAFITE（中间的de为小写）。2000年份之后的拉菲酒标采取丝印技术，酒标有凹凸感。而仿制品的酒标，有些在印刷过程中，因印刷厂打字的工人受教育程度偏低，很有可能把英语当中的某一个单词打错，甚至，有些酒商故意在不显眼的部分做出细微差别以备万一东窗事发也可以将自己撇清。

第二，看酒塞、封瓶。酒塞一面是年份，一面是图案，顶部没有图案。封瓶盖是拉菲古堡的标志。

第三，看酒瓶。正常年份的酒瓶没什么可说的，我们说说特殊年份的酒瓶。1985年的拉菲酒瓶上有哈雷彗星的图案和85年字样，1996年份以后的有Rothschild家族标志，五箭中间有Lafite字样。1999年的酒瓶有99字样并印有日和月的图案（也有说是日全食图案），2000年份的五箭中间写的是2000。2008年为了纪念在中国设立酒庄，酒瓶上刻有2008字样并在下面有一个红色的"八"字（见69页图）。

拉菲Prooftag气泡防伪标签

拉菲酒标及名字

不过最靠谱的购买方式，还是选择可靠的经销商、代理商。在购买时不要只看价格，购买前要认真辨认。能购买得起拉菲的人，往往都不缺钱，即便花个几千几万元买了个拉菲酒标，也许对经济没造成太大损失，但你无法知道那些无良商人在里面放了什么东西，会不会喝出毛病来。

了解"新、旧世界"的酒标差异 ▶━┥

"新、旧世界"葡萄酒的酒标会存在一些差别，一般来说，"旧世界"对酒标的要求会比"新世界"更具体一些。"旧世界"更注重产地，"新世界"更注重品种，有些"旧世界"葡萄酒的酒标上可能没有标明葡萄品种，不过也有些"新世界"的葡萄酒酒标上可能什么都没有。总的来说，"旧世界"酒标多会更中规中矩一些，"新世界"酒标更新鲜大胆一些，但现在中国市场能见到的"旧世界"葡萄酒"没有规矩"的酒标也越来越多了。

这两张酒标，分别是来自"新世界"澳大利亚和"旧世界"法国的代表型酒标。"新世界"的酒标会把葡萄品种标记在比较明显的地方（很少会不标葡萄品种，如果没有标记，可能是很多葡萄品种的混酿），如这款澳大利亚酒的酒标，就在比较明显的位置上标注了葡萄品种为赤霞珠。

新世界代表型酒标

旧世界代表型酒标

而比较典型的"旧世界"葡萄酒酒标，则是会把产区标记在相对明显的地方，尤其是法国。很多法国酒选择不标记品种，因为他们的每一个法定产区都会有对应的法定葡萄品种，所以了解葡萄酒的人，只要一看到标记的产区，自然就知道对应的葡萄品种是什么了。如这款法国波尔多右岸圣艾米隆产区的葡萄酒酒标，一看到SAINT-EMILION 这个产区标志的时候，就知道这个产区在波尔多右岸，而波尔多右岸则普遍是以美乐为主，并且与赤霞珠混酿的葡萄酒，但是上述葡萄品种，并不会标记在酒标上。

需要注意的是，并不是所有"旧世界"都这样，法国大部分地区的酒庄不会在酒标上标记葡萄品种，只有朗格多克地区和阿尔萨斯产区例外，会把品种标记在酒标上。意大利属于一半一半，意大利一部分的葡萄酒用产区命名，或者品种加产区命名，那么酒标上就只会标记出被命名的名字比如说基安蒂红葡萄酒（Chianti），而对应的葡萄品种是桑娇维塞（Sangiovese），但往往葡萄品种不会标记在酒标上。而意大利另一部分没有严格产区与品种对应要求的地方，很多葡萄酒会选择把品种标记在酒标上。其他的"旧世界"国家的酒庄比如德国、西班牙，会选择把品种标记在酒标上，因为他们并没有严格地讲产区与葡萄品种对应。

第七节
·
常用的葡萄酒词汇

列级酒庄（名庄酒）、1855年分级体制 ▶━┤

　　1855年的巴黎世界博览会，为了向全世界展示法国葡萄酒，当时拿破仑三世要求向全世界推荐波尔多的葡萄酒，因此波尔多商会致函葡萄酒经纪人工会，要求他们提供一份本地区红葡萄酒全部列级酒庄名单，尽可能详细和全面，要明确每个酒庄在五个级别中的归属及其位置，这一分级体制被称之为"1855年分级体制"。在这个分级体制中，列入这五个级别中的酒庄，被称之为列级酒庄，也就是大家嘴里常说的名庄酒，一级酒庄包括：拉菲酒庄、拉图酒庄、奥比昂酒庄、玛歌酒庄、木桐酒庄，其中木桐酒庄1855年时并没有被列入一级酒庄，它经过几十年的努力，才被"晋升"到一级酒庄的家族中。

1855年所有列级酒庄酒

小贴士

二级酒庄

布朗康田酒庄Chateau Brane-Canten

爱士图尔酒庄Hateau Cos D'Estournel

宝嘉龙酒庄Chateau Ducru-Beaucaillou

杜霍酒庄Chateau Durfort Vivens

拉路斯酒庄（金玫瑰酒庄）Chateau Gruaud Larose

力士金酒庄Chateau Lascombes

巴顿庄园Chateau Leoville Barton

雄狮庄园Chateau Leoville-Las-Cases

波菲酒庄Chateau Leoville-Poyferre

碧尚男爵庄园（碧尚巴雄）Chateau Pichon Longueville Baron

玫瑰庄园Chateau Montrose

碧尚女爵庄园（碧尚拉龙）Chateau Pichon-Longueville, Comtesse de Lande

露仙歌酒庄Chateau Rauzan-Gassies

鲁臣世家庄园Chateau Rauzan-Segla

三级酒庄

贝卡塔纳酒庄Chateau Boyd Cantenac

凯隆世家酒庄Chateau Calon Segur

肯德布朗酒庄Chateau Cantenac-Brown

狄士美酒庄Chateau Desmirail

迪仙酒庄Chateau D'Issan

费里埃酒庄Chateau Ferriere

美人鱼酒庄Chateau Giscours

麒麟酒庄Chateau Kirwan

拉拉贡酒庄Chateau La Lagune

拉格喜酒庄Chateau Lagrange

丽冠巴顿酒庄Chateau Langoa Barton

马利哥酒庄Chateau Malescot St-Exupéry

碧加侯爵酒庄Chateau Marquis d'Alesme Becker

宝马酒庄Chateau Palmer

四级酒庄

班尼尔酒庄Chateau Branaire-Ducru

拉图嘉利庄园Chateau La Tour-Carnet

拉科鲁锡酒庄Chateau Lafon-Rochet

德达侯爵酒庄Chateau Marquis de Terme

宝爵酒庄Chateau Pouget

荔仙庄园Chateau Prieure-Lichine

圣皮尔古堡Chateau Saint-Pierre

大宝酒庄Chateau Talbot

都夏美隆酒庄Duhart-Milon-Rothschild

龙船酒庄Chateau Beychevelle

五级酒庄

巴特利庄园Chateau Batailley

巴加芙酒庄Chateau Belgrave

卡门萨克酒庄Chateau Camensac

佳得美酒庄Chateau Cantemerle

克拉米伦酒庄Chateau Clerc-Milon

柯斯拉柏丽庄园Chateau Cos-Labory

歌碧酒庄Chateau Croizet Bages

达玛雅克酒庄Chateau Monton d'Armailhac

杜扎克酒庄Chateau Dauzac

杜特酒庄Chateau du Tertre

都卡斯酒庄Chateau Grand-Puy-Ducasse

拉古斯酒庄Chateau Grand-Puy-Lacoste

奥巴里奇酒庄Chateau Haut-Bages-Liberal

奥巴特利酒庄Chateau Haut-Batailley

林卓贝斯酒庄Chateau Lynch Bages

靓茨摩酒庄Chateau Lynch-Moussas

百德诗歌酒庄Chateau Pedesclaux

宝得根酒庄Chateau Pontet-Canet

自1855年分级制度成立后，少有变动，后因酒庄的合并、收购和分家有一些变动，另外，一些三级、四级、五级酒庄经过数十年的磨炼，葡萄酒品质要比在1855年评级时的品质高了很多，比如四级的龙船酒庄（Chateau Beychevelle）和五级的靓茨摩酒庄（Chateau Lynch-Moussas）的葡萄酒品质都非常好。

正牌酒、副牌酒 🍷

　　酒标介绍中不止一次提到正牌酒、副牌酒。大家最熟悉的就是大拉菲、小拉菲，所谓的小拉菲指的就是拉菲副牌酒。总的来说，副牌酒是因为葡萄总体质量没有达到酿造正牌酒的要求，所以退而求其次，被酿造成副牌酒。不过因为副牌酒价位大大低于正牌酒，也同样受到大家的追捧。

二级庄正牌酒

　　葡萄用来酿制正牌酒还是副牌酒有四个标准：年份是否够好，树龄是否够老，土地是否在编，葡萄是否最好。一般来说年份不够好的葡萄、年轻葡萄藤种植出来的葡萄会被酿制成副牌酒。另外，由于酒庄扩张购买的其他葡萄园，葡萄等级不够酿造正牌酒的可以用来酿造副牌酒。还有那些没有被选入酿造正牌酒的葡萄，也会用来被酿造副牌酒。

醒酒 🍷

　　酒的零售价在400元以上，酒的年份在5年以上，用灯照亮酒瓶瓶底，凹槽很深，而且能看到凹槽有沉淀物。如果有上述情况之一，都需要在喝酒前进行醒酒。

　　这里指的"醒酒"不是人喝醉了让人醒，而是让酒"醒"过来。醒酒的目的是让葡萄酒得到呼吸，与空气充分接触，软化单宁，让酒中的沉淀物与酒液分离，同时可以减轻葡萄酒中二氧化硫的气味。所以，并不是所有的葡萄酒，都需要醒酒，一些年份新的，不适合陈年的葡萄酒和干白葡萄酒都是不需要醒酒的。一般情况下，大家在店面能买到的200元以内的葡萄酒，都是不需要醒酒的。

　　醒酒一般要使用醒酒器，在没有醒酒器的情况下，也可以提前开瓶醒酒，只不过效果没有在醒酒器中的好，需要的醒酒时间也更长。应该醒酒却没有醒的葡萄酒，香气无法完全散发出来，会有明显的二氧化硫气味，容易让人误认为是酒本身出了问题，在口感上，封闭了很久的单宁会使人感觉粗糙。

酒庄酒

　　酒庄酒这个词在国内一直被视为一种质量的保证，也有人说中国葡萄酒产业也会趋向酒庄酒发展。

　　酒庄酒要符合三个条件，一是用自己酒庄种植的葡萄，二是在自己酒庄发酵酿制，三是在自己酒庄灌装的葡萄酒，全部满足才可以被称为酒庄酒。

　　所以，越是大品牌的葡萄酒，酒庄酒的比例可能越少，比方说澳大利亚的奔富和中国的几个大品牌葡萄酒，他们的市场需求量实在是太大了，酒庄自身的葡

萄园酿造出来的葡萄酒完全不能够满足市场的需求，他们必须从其他葡萄园收购葡萄，或者在其他酒厂灌装，才能及时推出足够满足市场需求数量的葡萄酒。

有人可能会说，那拉菲呢，拉菲是最大的牌子了吧，它可都是酒庄酒。没错，拉菲是酒庄酒，所以拉菲产量极其有限，正因为这样大量的品牌需求将其价格推到极高，所以才对那些制假贩假的人有着巨大的吸引力。

不过，我个人认为，酒庄酒不一定就是品质的保证，如果我自己注册一个公司，买一块地种葡萄，自己酿酒，买瓶子、瓶塞，灌装，出产的葡萄酒就是酒庄酒，但恐怕是一瓶都卖不出去。所以也要看这个酒庄的实力，酒庄的葡萄园、设备，酒庄人们对葡萄酒的热爱与执着，酿酒师成熟的酿酒技巧，当这些条件都满足时，酒庄酒才能说是高品质的保证。

特色品种、本土品种 ▶━┥

葡萄酒生产国家酿造的最有特色、最受到世界其他国家人民追捧的葡萄品种，就成了这个国家的特色品种，比如说新西兰的长相思，澳大利亚的设拉子，但其实长相思和设拉子的老家都不在这些国家。就好比中国发明了蹴鞠（足球前

意大利本土葡萄品种葡萄酒

身），但世界足球各大比赛，中国队的表现都不尽如人意。某葡萄品种最早种植于某个国家，就是这个国家的本土品种。但也有一些国家，他们的本土品种也是本国的特色品种，比如说意大利的桑娇维塞（Sangiovese）。意大利的本土品种最多，也推广得非常成功，这也是很多爱酒人士非常喜欢意大利葡萄酒的原因之一，因为选择性很多，总会遇到没有喝过的，不常见的葡萄品种。

　　每个国家，都有他们的"招牌酒（招牌葡萄品种）"，除了上面提过的之外，还有阿根廷的马尔贝克（Malbac），智力的佳美（Gamay），南非的品乐（Pinotage），美国的仙粉黛（Zinfandel），西班牙的添帕内罗（Tempranillo），加拿大的冰酒等。

第二章

葡萄酒伴侣

　　葡萄酒是"王"，需要太多的"人"去服侍；葡萄酒是"公主"，需要各种各样的呵护。不是葡萄酒"矫情"，只不过是想让要拥有它的人，在拥有的过程中获得更多的乐趣，同时，也了解它的来之不易。

第一节

畅饮时分

　　就像爱茶的人总是会有一整套的茶具（包括茶壶、茶杯、茶洗、茶盘、茶垫等）和专门品茶的桌子一样，品酒的时候通常也需要一系列的酒具，让葡萄酒更完美的展现，比如醒酒器、倒酒片、酒杯、酒塞等。

开酒器的种类

　　很多人喝葡萄酒时最烦恼的是开瓶太复杂，或者根本不知道怎么开瓶。我多年前曾经在身边的朋友圈中小范围做过一次调查，近70%的人不买葡萄酒是因为不会开酒，虽然这个比例正在逐年减少，但仍然有很多人因为没有开酒刀、不知道如何储存等原因，不去尝试葡萄酒。事实上，开酒很简单，有时甚至是特别简单！

　　葡萄酒封瓶有两种，一种是国外新流行起来的螺旋盖，另一种是大家熟悉的软木塞外面用金属锡纸塑封。

螺旋盖葡萄酒

　　先说螺旋盖，如果你熟悉瓶装饮料的开瓶方式，那么这种螺旋盖的葡萄酒，你就可以轻易打开，区别只是开饮料的时候一般是左手拿着瓶身，右手旋转拧开瓶盖，而开螺旋盖葡萄酒则是左手握住瓶身旋转，右手固定螺旋盖，当左手旋转瓶身的时候，瓶盖就会自动脱落。然后就和开饮料一样，旋转拧开就可以了。

　　比较复杂的开瓶是盖软木塞的葡萄酒，并不是说开瓶有多复杂，只是各种各样的开酒器琳琅满目，各种原理，各种形状比比皆是，让人有种望而却步的感觉。其实，很多讲求效率和速度的

开酒器，属于固定场合使用，体型相对较大，并不方便携带，生活中很少会有人使用。有很多轻巧又方便携带的开酒器，只要懂得了使用方法，就可轻松使用。

海马开酒刀

我推荐海马开酒刀，有时也被叫作虾米酒刀，它可以放在包里，也可以带上飞机。这款开酒刀利用的是杠杆原理，一边卡住酒的瓶口处，一边用力抬起将酒塞拔出，比较省力方便，只要酒塞本身没有发霉、干燥或是损坏，基本上都可以成功地将酒塞拔出，断裂的概率较小，哪怕是在拔的过程中出现了断裂，也不用着急，再将螺旋刀旋转进去（用力较第一次轻）拔一次，一般情况下，都可以将断裂的瓶塞顺利拔出来。这款开酒刀另外一个好处是，除了可以开葡萄酒瓶塞之外，还可以开啤酒盖，尤其适合家庭使用，非常方便。

我还推荐使用气压式开酒器，这种开酒器原理和针头类似，通过木塞往酒瓶内灌入气体，通过气压将酒塞挤出酒瓶，这种开酒器的好处是速度比较快，要比海马开酒刀快很多。

T字形螺旋式开酒器

T字形螺旋式开酒器男士用得比较多的，尤其在餐厅常见，很多服务人员都使用它。这种开酒器感觉与海马酒刀有点类似，但原理完全不同，它没有杠杆原理辅助，需要力气比较大，所以一般女士很少用这种开酒器。

女士用得比较多的是基本上不费什么力气的蝴蝶开酒器，它也是使用杠杆的原理，与海马开酒刀不同的是，它是两侧两个杠杆同时作用，更加节省力气。随着螺旋刀部分转入木塞时，两侧

蝴蝶开酒器

的杠杆向上抬起，等螺旋刀完全进入木塞后，两侧的杠杆也在最高点了，之后只要用双手将两侧杠杆向下压，木塞自然就从瓶口被拔出了。男士一般比较排斥用这种开酒器，会觉得这是没力气，很"娘"的象征。

没有酒瓶时如何检验海马刀的质量 🔪—🔧

上面介绍的几款常用开酒刀，我个人觉得还是海马开酒刀比较实用，轻便，又易携带，不过，不是所有的海马开酒刀都好用。有些制造商太过注意它的造型，又或者为了节省成本偷工减料，就算外形与合格的一模一样，也不好用。

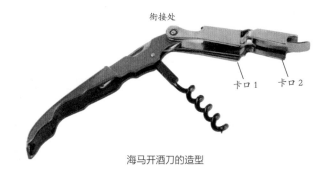

海马开酒刀的造型

选购这种海马开酒刀时，首先要看最上面卡在酒瓶上的地方，有两个卡口的开酒刀会比只有一个的省力好用一些（一般都会有两个），要选择这两个卡扣连接的地方是可以弯曲的，且这个弯曲的地方，一定要既可以向里弯，又可以向外弯，并且都可以弯到一定的程度，关节处不能太紧，弯曲的幅度不能太小。虽然看起来好像区别不大，但这里设计和质量基本决定了开酒刀的好用程度，若是不能弯的，或是弯曲幅度过小的，在使用中都会很难操作。

此外，还要看螺旋刀与开酒刀衔接的地方是否牢固（越牢固的越好），如果连接处有很大幅度的晃动，螺旋刀在插入木塞后就比较容易歪，旋转时很不方便。再有螺旋刀本身也不要太细。

小贴士

选择海马开酒刀要点

1. 要有两个卡瓶口。
2. 衔接处可以内外灵活弯曲。
3. 螺旋刀与酒刀接口要牢固。

各种开瓶小技巧

下图是网上流传的用海马刀开葡萄酒的方法，根据我的"实战经验"，有两点可以改进的地方。

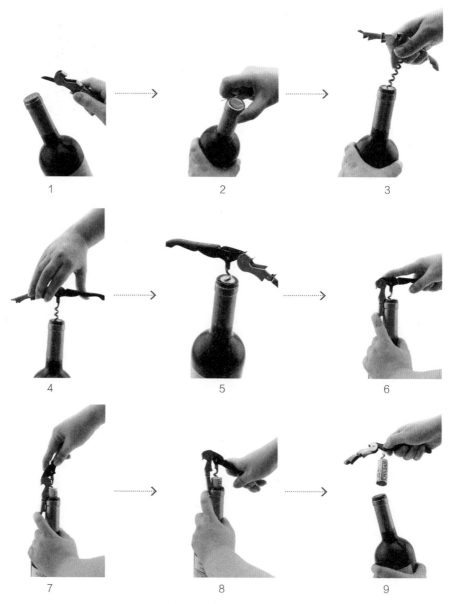

海马刀开葡萄酒的方法

第一个可以改进的地方是第二幅图中的切口位置，一般侍酒师和专业葡萄酒培训师告诉你的，网上、书上能找到的，都是在瓶口处鼓出来的那个环形的下沿（如右图），用酒刀在此处将葡萄酒瓶口的锡纸割开是最正规的方式。不过我发现，如果沿上沿的那一圈把锡纸割开会更容易，所以我个人一般都是割上沿的那一圈，并且这样可以完好无损的将封瓶的锡纸盖保存下来（有些人喜欢收藏锡纸盖）。

切口位置

割开锡纸的位置

第二个可以改进的地方是第四步，也就是将螺旋刀转入到木塞的量多少为最佳？螺旋刀不宜完全转入，有些木塞较短，完全转入可能会刺穿木塞，会在酒中留下木塞的碎块，所以我认为转入至木塞外还有一圈螺旋时，就不需要再继续转了。

除了这个方法，另外还有一种流传已久的开瓶方法，你可以在网络上搜索到很多视频，这种方法不需要任何样式的酒刀，只要在酒瓶底部放上块毛巾或浴巾（后来有人发现，用旅游鞋最好使），然后把底部用力往墙上或者树上撞，利用惯性的原理，让酒塞自己出来。有朋友尝试过，但我没有试过这种方法，个人觉得并不一定很实用。它的前提是锡纸已经被割开，说明还是需要有酒刀的，既然有酒刀了，又何必那么麻烦，而且，除非是质量很差的葡萄酒，否则这么强烈的振动，对口感会产生不好的影响。

酒杯对葡萄酒的影响 ▶━┫

喝葡萄酒一定要用高脚杯吗？不用高脚杯行不行？答案是，当然可以！都有人在葡萄酒里加冰加雪碧了，只不过不用高脚杯而已，还不算"大逆不道"！可是，如果你了解了高脚杯对葡萄酒的作用，如果你亲身对比了正确使用高脚杯与

葡萄酒高脚杯

使用塑料杯喝葡萄酒的区别后，那么我相信，你不会再选择普通水杯了，除非，你的酒真的廉价到不需要为它操什么心的地步！

很多人认为使用高脚杯的主要作用是为了不让手的温度影响到葡萄酒的温度。但如果高脚杯的作用仅仅如此的话，那么大家就选用高一点的普通水杯，或者喝酒时手握在杯沿处，或者选用有把手的杯子，只要不让手的温度影响到酒不就可以了吗？既然不行，就说明高脚杯的作用远远不止这个原因。

先让我们来认识以下几款最普遍最常用的葡萄酒杯：

讲究者使用品酒的杯子，都是按照不同葡萄品种区分的，喝赤霞珠时用赤霞珠杯；喝黑比诺时用黑比诺杯。按照不同品种去设计杯型，是否是在哗众取宠？有什么意义吗？我简单说明一下这个问题。

ISO酒杯　　　　　　　黑比诺杯　　　　　　　赤霞珠杯

上面最左边这个杯子，在国际上称作ISO酒杯（International Organization for Standardization，国际组织标准型号品酒杯），各种国际葡萄酒大赛、盲品等活动，基本使用的都是这种型号的酒杯，当各个葡萄品种在属于各自杯型的酒杯中品尝时，葡萄酒味道和口感上的优点会被扩大，而缺点则会被掩盖，这对其他品种葡萄酒是不公平的，故在比赛和盲品的时候要使用这种标准型号的品酒杯。单从这一点来看，就能体现出杯子形状，对葡萄酒口感有多大的影响。

这个道理其实很好理解，和人一样，同样是人，但基因各不相同，每个人的样貌、品性都不同，葡萄、葡萄酒也是如此，虽然都是葡萄，但是每个葡萄品种的基因不同，香气分子的重量也都不相同，多高的瓶口才是闻到那个葡萄品种香气的最佳高度，这些在设计杯型时已考虑进去了。

除了高度，杯子的胖瘦、杯沿的角度也会影响葡萄酒在口中的口感，以雷司令和霞多丽两种白葡萄酒为例，其杯子的造型就大不相同。雷司令的杯子杯肚窄小，杯口竖直略向外翻，大家都知道雷司令的特点是果酸较高，酒精度数较低，所以这样的设计会让酒在入口的时候先导向舌尖的甜味区，从而突出果味，降低酸度。而与雷司令的杯子比起来，霞多丽的杯肚则像是位十月怀胎的孕妇，且杯口略向内收，这是因为霞多丽的酒精度数较高，酸度相对较低，所以向内收的杯沿可以让酒在入口时流向舌头的中部，使葡萄酒在口中四面散开，让味蕾体会各种成分交织而成的和谐感。

雷司令杯   霞多丽杯

那么，如果用雷司令的杯子去品尝霞多丽会怎样呢？小型号的杯子会让酒的花香更集中，复杂度降低，而且品尝起来也会觉得比在霞多丽杯中尝到的多了些苦味。

不过，品酒也不需要把重点都放在杯子上，杯子的品牌很多，加上起泡酒、甜酒、烈酒、鸡尾酒等，各种品种的杯型细分起来就太多了，据说在专业的葡萄酒杯行家中，酒杯也没有超过9款，所以就算是葡萄酒达人，家中能有上面介绍过的这几种杯子就已经很专业了，足够了。

葡萄酒的持杯方法

音乐响起，门窗被风吹开，昏暗的灯光在飘逸的罗莎幔帐下忽明忽暗，镜头从远方渐渐向眼前聚焦，远方的景象慢慢从清晰变得模糊，镜头慢慢聚焦在眼前桌角上，有一个高脚杯，向里面倒入1/3的红酒，还有一些挂杯在水晶杯壁上，从镜头外走进来一位婀娜多姿的美女，盘起的头发、紧身闪着金光的长裙，裸露着白皙的背脊背对着观众，走到桌前，轻柔地抬起右手，将高酒杯的杯腿插在手指中间，托起酒杯的杯肚，继续以极为高贵优美的姿态向前走，直到镜头聚焦到她的头部时，她回眸一笑，千娇百媚！

　　这镜头熟悉吗？就算是在今天也经常可以在电视中看到这样的广告镜头，而且一般都是在奢侈品广告中出现，加入葡萄酒的元素是为了让品牌显得更加有品位。只可惜，在这么唯美的画面中，美女拿酒杯的方式却经常是错误的，就如同下图左侧第一个一样，虽然看上去显得很有品位，很有气质，但事实上却是最错误的持酒方式。

三种持酒方式

　　有三种持酒方法，我们来看下：

　　第一种方法错误的原因不需要太多解释了，前面文章中已经提到过，喝葡萄酒时最怕手的温度影响到葡萄酒的温度，人体温度约37℃，而葡萄酒的品尝温度却是在18℃左右。温度过高时，酒会变得呆滞、失去新鲜感且加强了酒精味，单宁减弱，严重影响葡萄酒的最终口感。

　　第二种和第三种的持杯方法都是正确的，在晚宴上，或者坐在座位上喝酒品酒的时候，一般都是用第三种方式，不需要特别靠下，只要避免手触碰到酒杯盛酒的地方就可以了。在品酒会上没有桌椅，大家来回走动，站立交流的时候用第二种握住杯底端的方式较多。也有说法说，这种握杯方式是侍酒师用来把倒好的葡萄酒递给客人的握杯方式，这样可以让客人直接握住杯子的底部，避免客人的手触碰到杯壁。

你用过这样的醒酒器吗 ▶━━┥

醒酒器已经从一种道具慢慢地被演变成为一个艺术品，功能也愈发完善，比如面对面（face to face）醒酒器，有二次醒酒的功能，当葡萄酒顺着醒酒器口流下的时候，是第一次醒酒，当落到了下边的两个人脸上的时候，会被轻轻弹起，之后再次落下，这个过程是第二次醒酒，适用于下班回到家，想在晚餐时喝葡萄酒，而醒酒的时间又不够的时候使用。这种可以二次醒酒的醒酒器，能让酒更快速地醒过来。再比如蛇形醒酒器，除了可以达到二次醒酒的功能，还可以控制每次倒酒时的酒量，不用担心酒倒得太多或太少。

醒酒器

其他品酒必备酒具 ▶━━┥

不是所有情况都需要吐酒器和冰酒桶，但是在某些情况，就必须要有这两样东西了！

如果你喝的是白葡萄酒、桃红葡萄酒、起泡葡萄酒和甜葡萄酒，就需要冰酒桶，放上一些冰、一些水，让温度较高的葡萄酒降温。喜欢葡萄酒的人应该已经注意到，一般白葡萄酒的酒杯比红葡萄酒的要小，这也正

蛇形醒酒器

冰酒桶　　　　　　　　　　　　　吐酒桶

是因为白葡萄酒要求温度更低，不宜倒太多在杯子里，大的杯子会让葡萄酒在杯中迅速升温。

吐酒器一般在品酒会、盲品会、酒评会和葡萄酒赛事中使用，当然也会在学习品酒的课堂上使用，当需要一次性品尝十多款甚至数十款葡萄酒的时候，要将葡萄酒含在嘴里品尝完毕之后吐出来，不然，还没有品尝到最后一款，人就已经醉倒了。想当初，我们在学习品酒的时候，每天从早上8点尝到晚上6点，最多的一天品了79款酒。当时感觉即便酒都吐出来了，一天结束后也是晕乎乎的。国内的吐酒器一般就是用上图中右侧的这一种，其实就是在冰酒器上面加了一个特制的盖子，让人看不到吐酒器里面夹杂着口水的液体。

个人使用的吐酒器体积可以小一点，如果没有这样特别制作的吐酒器，可以在小桶里面放一个塑料袋，再在塑料袋里面放一些吸水的物品，比如吸水木屑，一般放1/3到半盆，这样就成了一个非常实用，又不会见到吐出液体的吐酒器，用过之后，塑料袋一拎扔掉就可以了。

软木塞VS螺旋塞

喜欢软木塞，还是螺旋塞？选择软木塞，还是螺旋塞？究竟应该用软木塞，还是螺旋塞？

仿佛这是一个葡萄酒界永远都存在的选择，永远都存在的辩论。对于酒庄，每个庄主都有不同的想法和选择；对于消费者，每个人也都会有自己的见解和爱好。而我对这两种封瓶的态度是，软木塞，我很尊重；螺旋塞，我很喜爱。

尊重软木塞，是因为它实在是来之不易。喜欢螺旋塞，是因为它实在是太方便。但这只是对于我自己而言，你会更喜欢哪一种呢？让我们先来了解一下软木塞和螺旋塞各自的优缺点。

软木塞VS螺旋塞

优缺点	软木塞	螺旋塞
优点	• 传统高雅 • 透气，中和硫、降低硫化物的生成 • 环保、可100%进行生物降解	• 成本低 • 方便开启 • 保存葡萄酒的果香 • 有更好的密封性 • 方便携带、运输
缺点	• 有时让酒产生木塞污染 • 成本高 • 不方便携带和运输 • 不方便开启 • 对于储存的环境要求高	• 有时让酒产生硫化物的味道 • 容易让人觉得酒很廉价

这里另外要说明的是，软木塞对葡萄酒产生污染的概率差不多是8.3%（1/12），就是说平均每一箱酒中就有一瓶酒受到软木塞污染。而螺旋塞对葡萄酒形成硫化物影响的概率是2.2%，大概是每四箱葡萄酒中会有一瓶受此影响。从上面表格中，软木塞和螺旋塞的优缺点对比上来看，仿佛螺旋塞更占优势。但即便如此，也无法撼动软木塞在葡萄酒封瓶中的地位。软木塞为葡萄酒带来的好处和给消费者在心理上带来的高雅感受，都是螺旋塞无法取代的。

基本上，从有葡萄酒开始的时候，软木塞就已经开始用来做封瓶，只是那个时候还并不流行。当时葡萄酒基本用蜡或者玻璃瓶塞封瓶，饮用的时候很不方便。而且软木塞的加工流程也不完善，酒瓶的大小规格还未统一，软木塞的大小规格很难控制，使得软木塞无法推广。直到酒瓶的规格得到规范和普及，玻璃瓶塞无论在成本、作用、运输和开瓶各方面，都无法战胜软木塞，最终被历史淘汰。

软木塞看起来就是一个小小的圆形木块，我之所以说尊重软木塞，是因为

软木塞

它实在是来之不易。软木塞，不是来自于某种树的树干，而是一种被称之为栎树（Quercus）的树皮。有句俏皮话说："树不要皮，必死无疑，人不要脸，天下无敌。"可见树皮对树的重要，可是栎树的神奇在于，它的皮是不停生长的，剥掉一层后还会继续长出新皮。不过只有树龄达到25年的时候，树才可以进行第一次脱皮，之后再隔9年进行第二次脱皮，但这两次树皮在厚度和密度上还达不到做软木塞的要求，一直到第三次脱皮才能用来制作软木塞。可就算是这样的树皮也不能直接制作成软木塞，为了防止细菌和虫蛀，还需要经过一系列工序（包括6个月的风干，1个多月的反复浸泡）使其平整，之后还有打孔、修整、消毒等程序，最后才能运到各酒庄压上商标和文字。

与软木塞相比，螺旋塞显然不需要那么复杂的工艺，成本也大大降低，螺旋塞起始于"新世界"国家，与软木塞一样，它并不是新鲜事物，而是存在已久的方式，但因为市场接受度不高，得不到推广。事实上，软木塞对于大家来说可能更陌生，因为除了葡萄酒之外，其他饮品很少用到，但螺旋塞，就很普遍了，一般瓶装的饮料都是螺旋的瓶盖，只不过与葡萄酒的螺旋塞材料不同而已。

螺旋塞

但是螺旋塞这种非常便利的开瓶方式，并没有让它得到消费者的认可。因为很多消费者已经将葡萄酒与软木塞看作一体，甚至认为没有软木塞的就不是葡萄酒，至少不是质量好的葡萄酒。既然都与那些碳酸饮料用同样的包装了，是不是代表要与饮料有同样的价格？另外，对于品葡萄酒的人来说，软木塞所代表的是一种文化，开启它时优雅的动作和软木塞离开瓶口时的那一声响，都是葡萄酒文化有魅力的一部分，而这样的一种文化享受，是螺旋塞无法取代的。

> **小贴士**
>
> ### 消除木塞味的小技巧
>
> 葡萄酒受到了木塞污染之后，并不是一定就不能饮用，程度较轻的葡萄酒还是完全可以继续饮用的。
>
> 1. 将保鲜膜平铺放入一个容器中。
> 2. 将葡萄酒倒入容器，静置几分钟。
> 3. 葡萄酒中产生木塞味道的那种化学成分，就会被保鲜膜吸附，酒中的木塞味道就会消失。

螺旋塞最后成功突出重围，还是因为它被证实了有抗氧化的特性、能消除软木塞污染和保持葡萄酒年轻化的作用。它对于葡萄酒的保护作用，使其最终得到了酒庄主和消费者的认可。虽然在国内，最多见的还是软木塞，但是在一些"新世界"国家，螺旋塞已受到消费者的认可，市场上的葡萄酒90%都是螺旋塞了，比如澳大利亚很多酒厂将其所有的系列产品都改用了螺旋塞，澳大利亚的禾富（Worlf Blass）酒庄就是这样。不过在"旧世界"国家，尤其是生产陈年二三十年葡萄酒的酒庄，因为需要葡萄酒在瓶中得到适当的氧化，进行一个慢慢成熟的转变，所以依旧使用软木塞。

究竟哪个更好？结论是哪个都好，各有各的优点，各有各不同的用途，各有各喜爱的消费者，大家了解了这些后，哪个更好其实根本不再重要，只要知道，软木塞和螺旋塞，没有高低贵贱之分，使用螺旋塞并不代表酒低质就可以了。

各式各样的酒塞

这里说的酒塞是在葡萄酒开瓶之后，一次未饮用完时，用来塞住葡萄酒瓶口以防葡萄酒过度氧化的酒具。比较标准的酒塞是右图这样的。

不过随着葡萄酒行业的发展，葡萄酒酒具也随之发展，在竞争越来越激烈的市场中，为了吸引人眼球，各式各样的酒塞也随之而来，如果你好奇可以在百度中搜索酒塞，或者在国外的搜索网站上输入funny wine stopper（有趣的酒塞），就会看到各式各样有趣的酒塞。不过在国内市场上最常见的，还是右图中规中矩的这种。

真空酒塞

第二节

葡萄酒储存

买来的酒放在家里应该怎么储存？存放葡萄酒需要注意哪些事项？开过的葡萄酒应该怎么存放？开后还可以存多久？放在冰箱里到底行不行？

曾经问过身边很多朋友，面对葡萄酒，他们的烦恼之一就是750毫升的酒，开瓶后喝不了不知道怎么存。白酒，盖好盖放着就行了；啤酒，小罐装的很容易喝完。只有葡萄酒，对存放条件既那么讲究，又有着不大不小的容量，喝不完很让人烦恼。

储存葡萄酒需要哪些条件

储存葡萄酒的条件说起来很多，但是最重要的一点，还是反复强调过的温度，请允许我在这里不厌其烦地再絮叨一次：储存葡萄酒需要恒温，温度保持在12~15℃。

很明显，这个温度不是我们的室温，夏天的时候，就算开空调，室内的温度也大多会在26℃以上；冬天的时候，如果房间里有暖气或开空调室内温度大都在18℃以上，都无法达到储存葡萄酒的温度要求。不过这还不是最主要的，最主要的是室内的温度不会是恒温，尤其在早晚温差大的地方，最高温度与最低温度可以相差十多度，这样来回折腾，是葡萄酒最受不了的。

　　除此之外，葡萄酒的存放还不能有震动、异味和噪音。异味太重（比如在存放咸鱼之类重气味的地方）是不宜存放葡萄酒的。尤其是软木塞封瓶的葡萄酒，因为葡萄酒处于并非与空气完全隔绝的状态，所以，若让葡萄酒长期处于异味严重的环境中，异味也会进入瓶中影响葡萄酒的味道。

　　至于噪音与震动，基本上是一个意思，因为声音是靠震动传播的。经过"舟车劳顿"或者长期处于震动状态下的葡萄酒，酒体会涣散。震动也会加速葡萄酒的成熟、老化，使葡萄酒饮用起来呆板无味。对于陈年存放的葡萄酒，震动还会让酒瓶中的沉淀混入酒中。所以，在经过"长途跋涉"之后的葡萄酒，建议放置一段时间之后再喝，少则两三天，多则两三个月，根据路途的长短而定，保险起见的话，最好是路上一天，静放两天。

　　除了这些之外，还要有适当的湿度（湿度在70%~75%）和尽量避光（光线对葡萄酒的杀伤力很大）。

> ╭─ **小贴士** ─╮
>
> ### 为什么葡萄酒不能放在冰箱里储藏
>
> 　　在没有买酒柜之前，家里开过的葡萄酒都是放在冰箱里保存。记得有一次，我从冰箱里拿出一瓶开了一段时间的葡萄酒，发现有了一股药酒的味道，明显是坏了不能喝了。很多人和我一样，在没有什么办法的情况下，只好把喝剩下的酒放进冰箱。短期放个一天两天还凑合，但是长期用冰箱储存葡萄酒则是非常不可取的。
>
> 　　重新再看下储存葡萄酒的三个重要条件：恒温、无震动、无异味。很明显，冰箱根本无法满足这三点要求。
>
> 　　首先，冰箱不是恒温的，冰箱是间歇性控制温度，当温度过高时，开始制冷，而当温度低到一定温度时则会停止制冷，这样的温度变化一直循环。这不是恒温，而是一直在变的温度。
>
> 　　其次，冰箱不是完全静止的，冰箱在制冷的时候，都会有轻微的震动（有些老一些的冰箱震动得更强烈），这种不时地震动，也完全不符合葡萄酒的存放条件。
>
> 　　最后，冰箱也不是一个没有异味的地方，相反，冰箱是存放食品的地方，在那么一个狭小的空间里各种食品都会多多少少有些味道。所以，如果用冰箱来储存葡萄酒，只会适得其反。不过，有时家里没有存放酒的地方，开了瓶，放在冰箱里凑合两天也只能说是没有办法的办法。

葡萄酒，究竟应该放在哪里

问题来了！既然冰箱不适合存放葡萄酒，买来的葡萄酒究竟应该放在哪里？一般情况下，可分为五个地点：一般环境地点、地窖、酒柜、私人酒窖、藏酒公司。

一般环境地点

如果酒的数量不多、存放的时间不太长、季节刚好是在温暖地区的冬天或者寒冷地区的春秋天，那么可以在家里找一个通风、无异味、阴凉、无光线、无震动的角落静放。在温度不太高的地方，葡萄酒还是可以陈放一段时间的。

地窖

住在一楼的家庭可能有地窖或地下室，或车库，相比一般的居住环境（格局方正、采光充足），这些地方更适合存放葡萄酒。有些地窖的环境非常符合存放葡萄酒：恒温、湿度适宜、避光、无异味、无震动等。地窖少受外界的温度影响，只要里面没有存放咸鱼酸菜之类的重味道食品，便可以存酒。

近些年有些住宅楼标注的一楼实际上是二楼，而真正的一楼则用来当作车库或储藏间。车库和储藏间的特点是都在楼房的最底层，没有窗户或没有大面积的窗户，可以非常好地阻隔阳光和热度，一般这样的地方都比较阴凉，适合存放葡萄酒。但车库还是尽量作为最后的选择，因为车库的自动门比较薄，隔热的效果欠佳，并且有车停停走走，会产生震动和噪声，并不适合葡萄酒存放。

酒柜

上面说的地方都是存放葡萄酒的非专业场所，可以临时使用。若真的很喜欢葡萄酒，或者由于各种原因家中会长期存放葡萄酒，还是建议购买专业的酒柜或者建造私人酒窖。

对于一般消费者来说，酒柜是比较实用的。酒柜的价格并不是那么高不可攀。根据不同数量的需求，酒柜也分为不同大小，有8瓶装、28瓶装、48瓶装、72瓶装，最小还有2瓶装的（国内也有，但很少见）。无论是喝过还是没喝过的酒，都可以放在酒柜里保存。酒柜最大不过与家用的冰箱一般大小，所以正常情况下家里都会有地方可以摆放。只是，酒柜也需要摆在阴凉避光的地方。

酒柜分为两种：电子半导体酒柜和压缩机酒柜，它们的功能和性能各不相同，购买的时候要想清楚，需要怎样的酒柜。

	电子半导体酒柜	压缩机酒柜	
制冷区别	热电效应	风冷式有风扇，随距离风点远近，略有不同	直冷式无风扇，冷气自然传导，温度较为稳定
功率	小	大	
制冷效果	制冷速度慢	制冷速度快	
优点	环保节能，适合家用	性能质量相对成熟稳定，寿命更长	
缺点	制冷效果一般	耗电量大、噪声大	温度不能完全均匀

一般家庭使用，电子半导体酒柜就足够了。不过，在这里小小地提醒一下，大部分人刚开始需要酒柜的时候，觉得有个能装一两瓶的，可以存放剩酒就可以了，8瓶装的酒柜足够大了。可是当你有了酒柜之后，你绝不会让它空着，就会开始去找酒往里放，过不了多久，就会觉得8瓶装的不够了。等你有了28瓶装、48瓶装的酒柜之后，便开始成箱地往家里搬了。到最后，除非是资金有限，不然非得要自己造一个家庭酒窖才行。所以，这里我有两点建议：一是开始就买个大的，省得折腾！二是酒只有喝到肚子里，才算是你的酒，卖了才算是钱，存着的作用是为了喝，不是为了炫耀！

同时，我也给做销售的朋友一点小建议：认准了有资金实力的客户，先给他送个酒柜，越大越好，只要有了酒柜，他就会开始想尽办法到处去找酒了，

酒柜

还得是好酒，是配得上这个酒柜的好酒，而且会从你这儿买，因为酒柜是你送的！

这就是葡萄酒的魅力，一旦开始，便很难停止！

酒柜的维护：酒柜不要摆放在阳光可以照射到的地方，建议一个月关闭一次电源，每次大约2小时，让酒柜休息一下，平时要保持酒柜的清洁。压缩机酒柜每2年检查一下压缩机制冷剂的含量，清洗一次制冷风扇。

私人酒窖

这一直是我梦寐以求的！曾在微博中看到有个人感叹说：对于葡萄酒爱好者来说，最痛苦的事情就是看到一整墙木架的葡萄酒，却是别人的！我深有同感！

能在家中有酒窖，是一个爱酒之人的终极梦想，只不过相比较而言，这个梦想在国外比较容易实现，国外住平房的相对较多（暂时先不叫它别墅），可以打地窖。

建造酒窖的目的主要是防潮、隔热。家庭私人酒窖是高端人群居家生活的一种时尚，是一种生活品位的象征，而对于喜爱葡萄酒的人来说更是一种需要。《福布斯》杂志曾这样评价私人酒窖："将来显示生活品质的，不再是私家游泳池、私家健身房，而是私家酒窖。"游泳池也好，健身房也好，只要有资本，都是大同小异的东西，但是酒窖的整体风格、细节设计，尤其是主人收藏的葡萄酒，都能展现出这个主人的眼光和品位。招待客人时，从私家酒窖中选出一款上好的珍藏开启同饮，不仅是很好的享受，也是很好的分享，甚至可以与客人更好地沟通。

其实，私人酒窖不是那么遥不可及，你是否因为搬回家太多的酒没有地方放，而找了一个小仓库或者小房间摆放，后来知道了温度的重要性，给仓库安装了一台空调？那么恭喜你，你的私人酒窖已经有一个雏形了。只要是真心喜欢葡萄酒且经常要喝葡萄酒的人，我觉得私人酒窖会是他们最终的选择，因为除非放到专业的储酒公司，没有地方可以摆放越来越多的葡萄酒。其实，私人酒窖不只属于高端人群，很多三口之家的房子，格局上可能会有一个保姆间，或者是小书房，或者是仓库、地下室这样的地方，都可以稍微花费一点心思和金钱，改装成为一个私人酒窖。只要有一个小空间，就可以进行改造，地方小一点，酒可能摆放得少一点，但肯定比酒柜放得多。

藏酒公司

现在有些商业酒窖、葡萄酒会所或其他高端会所会有替客人保管葡萄酒的服务，他们建造了专业的酒窖，专门为来这里消费的人保存没有喝完的葡萄酒，同时也对其他来寄存酒的人开放，只要你缴纳一定的费用，就可以将酒放在他们的专业酒窖里，而且这样的酒窖服务大都很到位，不仅24小时有人接待，甚至你半夜在外面想要拿瓶酒，他们也可以为你送酒上门。现在这样的公司在香港已经

很流行，内地也已经开始慢慢发展起来了。毕竟，不是每个人都有心思在家中搞一个酒窖（有钱买高端酒的人未必都是真心喜爱或者懂得葡萄酒的人，而那些非常想要私人酒窖的酒痴们，不一定每个人都有钱建一个自己的酒窖），况且，很多人很享受这种高端的服务，会让他们感觉很有面子！

　　当然，除了上述这些地方，最适合放葡萄酒的地方还是——你的肚子里。

　　小记：花了这么多篇幅来讲解怎么存放酒，自己都觉得有点啰唆。不过我还是真心地希望，既然你拥有了葡萄酒，你就有了让它完美呈现的责任！

第三节

葡萄酒达人必备

一般人接触葡萄酒，准备一些必备的酒具就足够用了，不过，如果你是位葡萄酒达人（我想你是的，因为你正在看这本书），我猜你一定也很想得到下面这些酒具。这些东西中无论你有哪一样，都能称之为是葡萄酒达人，如果你有三个以上，那么你就是专业的葡萄酒达人，如果你全部都有，我猜你应该是位葡萄酒公司的老总！

酒鼻子

酒鼻子（Le Nez du Vin）是由世界著名葡萄酒品鉴大师，生于法国勃艮第的让·雷诺（Jean Lenoir）发明的。其中包括了54个香味系列、12个浊味系列和12个橡木系列。每一个香气都存在一个小小的瓶子里，感觉像是那种很精致的高档香水。而酒鼻子公司总部也设在法国南部的普罗旺斯，一个生产香水的地方。

酒鼻子的作用是，让你清楚闻到每一种专业的香气在葡萄酒中是什么样的气味，帮助你加深印象。经常闻这些香气，那么品酒时再闻到类似香气的时候，就能马上说出那是什么气味！

酒鼻子

说出葡萄酒的香气，是品酒中难度最高的一个环节，闻得到，但闻不出香气之间的差异是一种；闻得出是某一种香气，但是因为没有接触过这种香气，不知道怎么说是一种；还有最让人郁闷的，就是明明是很熟悉的气味，可就是说不出来是什么。第一种属于刚接触葡萄酒，闻的次数较少，对比过的酒较少，还不知道怎么区分；第二种是因为平时饮食接触过的食品比较少，对一些香气没有明确的概念；第三种属于是刚接触葡萄酒不久的"吃货"，他们对任何气味都了解，只不过一时还没对上号而已。

酒鼻子对于前两种人来说，都有很大的帮助，而第三种人，再多喝一些酒就会熟悉了。

不过，酒鼻子可不便宜，所以我个人觉得，还是先把自己变成"吃货"比较靠谱，多尝试不同的食物（包括零食，各种坚果、肉脯、果酱），任何能吃的，不能吃的，都可以放在鼻子下闻闻，加深印象。这样，再喝到葡萄酒时，就会想起这些香气了。

可爱杯环

杯环是时尚葡萄酒派对最时尚的小物件，挂在葡萄酒杯的杯脚上，不仅让葡萄酒杯看上去更有个性，而且可以区分开自己与其他人的杯子。

没有准备杯环时，也可以用一张硬纸片制作成杯圈，写上自己的名字，套在酒杯上，同样可以起到区分杯子的作用，这在一些需要来回走动的品酒会上非常实用。

当需要同时品尝不同的葡萄酒进行对比时，也可以在杯环上标记不同的酒名，使之与其他葡萄酒区分开，这样就不会弄混哪杯是哪款，这在一些比较高端的葡萄酒晚宴中比较常见。

倒酒小道具

口布、倒酒片和倒酒器，都是为了防止在倒酒后抬起的时候有酒滴顺着瓶口流下。这些小道具可以让你的酒会或晚会看起来特别的专业。不过，在没有这些道具帮助的情况下，其实也可以达到不让酒滴流下来的效果，在倒酒快要结束，准备将酒瓶向上抬起的时候，将酒瓶小幅度地转动一下，这样，要流下来的酒滴就会停留在瓶口，等瓶口抬起的时候，便会流回酒瓶。

倒酒片

第三章

在那葡萄变成酒的地方

　　我很喜欢《在那葡萄变成酒的地方》这本书，它将葡萄酒从采摘、发酵，到混酿、品鉴中的每一个细小步骤都描述得非常详细和生动。按道理来说，葡萄变成酒的地方就是酒庄的发酵桶，葡萄酒在木质、水泥制或者不锈钢制的发酵桶中，在酵母的作用下，糖分转化成酒精，这样葡萄变成了酒。今日，借用这个名字来说说那些让葡萄变成了葡萄酒的地方……

第一节

新旧葡萄酒世界之说

接触到葡萄酒的人都会听说过"新世界""旧世界"这两个单词，由英文中的"New world"和"Old world"翻译而来。这个是简称，全文是"New world wine producing countries"和"Old world wine producing countries"译成中文是"新世界葡萄酒生产国"和"老世界葡萄酒生产国"。只不过可能是在中国的文化中，大家常说"新社会、旧社会"，自然而然习惯性的翻译成了"新世界、旧世界"。其实"旧"字总会让人联想到不太美好的意境，比如"陈旧""破旧"；而"老"字则有"古老""元老"的词语联想，会让人有种历史悠久，神秘而资深的感觉。

"新、旧世界"的区分大家都熟悉了，"旧世界"都是欧洲的国家，"新世界"则是欧洲以外的国家。接下来很多人会问，都是葡萄酒生产国，既然市场上出现这样的区分，那么"新世界"和"旧世界"葡萄酒之间的区别是什么呢？历史、文化、产地气候、酿造手法、法律规则这些就不说了，与消费者关系不大。大家更关心的

应该是在这些不同的作用下产出的葡萄酒喝起来会有什么不同的感受？我给大家做一个比较形象的比喻。

饮食不分家，如果用"食"来解释这种感觉的话，喝"新世界"的葡萄酒就好像是在吃一顿非常丰盛的满汉全席，坐在餐桌旁，一切就已经尽在眼前，鸡鸭鱼肉，蔬菜水果完整地摆放在你的面前等待着你享用，你会垂涎三尺地看着这一切，并且迫不及待地大吃起来。而"旧世界"的葡萄酒则是一顿高雅的西餐晚宴，坐在餐桌前的你只能静静等待着晚宴一道道地呈现，开胃菜、前菜、主餐、甜点、水果，撤了这一道再上下一道，每一道都不见得有多少，但是一道都不会缺，并且每道都需要少许的等待。

若是没有体验过满汉全席和高档西餐的经历，还有一种更通俗的形容，有人说"新世界"的葡萄酒，就好像是一位赤裸的美女，一丝不挂地呈现在你面前，让你瞬间感觉到一种冲击，心跳加速、迫不及待……而"旧世界"的葡萄酒则更像是一位脱衣舞女郎，妖娆的身姿包裹在层层薄纱之中，然后在你面前一件件缓缓地脱去，让人无限地遐想，是一波未平一波又起的兴奋。

总之，如果是家庭聚餐或是小型派对这种开瓶马上就要喝的时候，选"新世界"的酒比较合适。如果你是一个人坐在落地窗前，看着夜景，听着音乐，想要慢慢地去品尝一瓶酒，或者你在饭后闲暇，与家人一起边看电视边小酌，那就有更多的时间去慢慢欣赏"旧世界"葡萄酒的变化。但请不要因为喜欢法国酒，就对"新世界"葡萄酒嗤之以鼻，也不要因为喜欢美国酒，就说"旧世界"葡萄酒"倚老卖老"。

夜如酒般沁人心脾，是因为酒如夜般柔美深沉。葡萄酒与生活一样，永远值得，也永远需要去用心品味。

第二节

法国——木秀于林，风必摧之

法国概述 ▶━━┥

　　法国是一个非常传统的葡萄酒生产国家，酿酒历史已有3000多年，并且在很长一段时间内，在全世界的葡萄酒行业中都占据着主要的地位，所酿的酒更是受到来自全世界各地葡萄酒爱好者的追捧。

　　法国葡萄酒最大的魅力在我看来是它的多样性，法国的国土面积其实并不大，但却有十个葡萄酒产区，分别是：波尔多、勃艮第、罗讷河谷、阿尔萨斯、香槟、卢瓦尔河谷、西南产区、朗格多克鲁西荣，普罗旺斯和汝拉–萨瓦产区。而且几乎每一个产区都有自己非常独特的风格，都像是一个独立的有特色的葡萄酒生产小国，单独拿出来某一个、甚至某两三个产区，都无法代表整个法国葡萄酒。

　　波尔多左岸家喻户晓的有1855年列级名庄酒、贵腐葡萄酒和右岸高质量高价位的车库酒；勃艮第那些特级田中有着顶级黑比诺和全世界味道最复杂的霞多丽；罗讷河谷有设拉子和歌海娜红葡萄酒；阿尔萨斯有顶级白葡萄酒和甜白葡萄酒；香槟产区有享誉全世界的起泡葡萄酒；卢瓦尔河有长相思和白诗南，普罗旺斯有桃红葡萄酒……每一个产区都有自己的故事，自己的特色，都那么优秀，彼此间又那么不同，都值得被探索和欣赏。

波尔多（Bordeaux）：波尔多是法国甚至是整个世界最知名的葡萄酒产区之一，在考虑法国葡萄酒时，波尔多通常是第一个想到的葡萄酒产区。波尔多以其饱满、复杂又具陈年潜力的红葡萄酒而闻名，法定的红葡萄包括赤霞珠（Cabernet Sauvignon）；品丽珠（Cabernet Franc），美乐（Merlot），马尔贝克（Melbec）和小维铎（Petit Verdo）等。这里也生产少量但是质量却非常好的白葡萄酒，通常是使用的法定葡萄品种长相思（Sauvignon Blanc）和赛美蓉（Semillon）。此外来自苏玳（Sauteners）的贵腐甜白葡萄酒更是全球最优秀的甜酒之一。波尔多位于法国西南部，靠近大西洋海岸，受海洋性气候影响，这里天气非常不稳定，因此这里一般采用多个品种混酿，当然这也是波尔多不同年份差异悬殊的主要原因。

勃艮第（Bourgogne）：勃艮第位于法国中部，北与第戎接壤，南与里昂接壤。勃艮第经常被称之为全球最贵的葡萄酒产区，因为世界很多顶级葡萄酒（堪称奢侈品价格一般的葡萄酒），多产自于此。勃艮第的法定葡萄品种最常见的三个是黑皮诺（Pinot Noir）、佳美（Gamay）和霞多丽（Chardonnay）。与波尔多不同的是，这里多采用单一葡萄品种来酿造，每个不同的小产区，每个不同的葡萄园皆呈现出各自不同的特性，无论红葡萄酒还是白葡萄酒，都质量卓越而且价格不菲。

罗讷河谷（Rhone Valley）：罗讷河谷产区历史悠久，是法国最早的葡萄酒产地。考古表明，早在公元1世纪，随着罗马人征服高卢，罗马人就发现了罗讷河谷两岸是种植葡萄的宝地，这里很可能是法国葡萄酒的发源地。罗讷河谷位于法国南部，北面是里昂，南面是普罗旺斯，与其他产区不同的是，罗纳河谷分为南北两个产区，南罗讷河和北罗讷河法定葡萄品种以及葡萄酒风格有很大的不同，北罗讷河谷大多酿制以西拉（Syrah）为主的红葡萄酒和以维欧尼（Viognier）为主的白葡萄酒；南罗讷河谷则大多以歌海娜（Grenache）、西拉和慕合怀特（Mourvedre）这三个葡萄品种的

单一葡萄酒和他们的混酿葡萄酒为主。不过南罗讷河谷也产质量不错的桃红葡萄酒，还有加强型的甜白葡萄酒，风格非常多样。

阿尔萨斯（Alasce）：阿尔萨斯与法国东北部的德国接壤，堪称全法国最美丽的葡萄酒乡，葡萄园多位于莱茵河西岸，孚日山脉的地坡处，由于这片土地在历史中曾多次被德国占领，其葡萄酒的风格也有德国风情，因而阿尔萨斯的葡萄酒被称为法国德式葡萄酒。与其他法国葡萄酒产区不同。这是法国唯一一个几乎专门种植白葡萄酒的葡萄酒产区。这里种植的葡萄包括琼瑶浆（Gewurztraminer），白比诺（Pinot Blanc），灰比诺（Pinot Gris），莫斯卡托（Muscat）和黑比诺（Pinot Noir）。干型白葡萄酒在这里非常常见，而迟摘型葡萄酒（Vendages Tardives）和逐粒精选贵腐酒（Selection de Grains Nobles）等甜白葡萄酒也非常知名；阿尔萨斯的黑皮诺则多用来酿制桃红和干红葡萄酒。

香槟（Champagne）：香槟来自法文"CHAMPAGNE"的音译，意为香槟省，香槟区位于巴黎东北方约200千米处，是法国位置很靠北的葡萄园。特殊的气候环境造就了整体风格优雅细致的起泡酒，这在其他国家或产区是很难能够与之比拟的。由于原产地命名的原因，只有香槟产区生产的起泡葡萄酒才能称为"香槟酒"，其他地区产的此类葡萄酒只能叫"起泡葡萄酒"或者其他名称。酿造香槟起泡酒的法定葡萄品种包括黑皮诺（Pinot Noir）、霞多丽（Chardonnay）和莫尼耶皮诺（Pinot Munier）三个，香槟酒大多是不同年份的混酿，因此无年份香槟（Non-Vintage Champagne）占多数，不过在一些极好的年份也会出产品质卓越的年份香槟（Vintage Champagne）；此外，采用100%霞多丽酿制的香槟叫白中白（Blanc de Blancs），而采用红葡萄如黑皮诺和莫尼耶皮诺酿制的香槟为黑中白（Blanc de Noirs）；还有采用红白基酒调配的方式来酿造的桃红香槟（Rose）。

卢瓦尔河谷（Loire）：卢瓦尔河谷被称之为法国的"皇家后花园"——柔和起伏的山峦，映衬着河流的祥和委婉。卢瓦尔河绵延长达近1050千米，哺育着这世界上最少见的东西走向的葡萄酒产区。因为是东西走向，西侧靠海，东侧靠内陆，所以也造成了卢瓦尔河谷各大子产区适宜种植的葡萄品种差异较大，因而这里可以出产干红、桃红、干白、甜白及起泡酒等众多类型葡萄酒。法定的葡萄

品种包括：长相思（Sauvignon Blanc）、白诗南（Chenin Blanc）、勃艮第香瓜（Melon de Bourgogne）和品丽珠（Cabernet Franc）。白葡萄酒比较有名气的是普伊-富美（Pouilly–Fume）的长相思，但卢瓦尔河的贵腐酒和起泡酒也同样质量优异。

西南产区South West：西南产区紧挨着波尔多产区，所以自古就一直笼罩在波尔多葡萄酒的阴影之下，由于波尔多的保护主义，有将近五世纪的时间西南区的葡萄酒必须等波尔多葡萄酒售罄之后才能通过波尔多的经销商以波尔多之名销售到海外市场。其实西南产区使用马尔贝克Melbec和丹娜（Tannat）来酿造的红葡萄酒，风格同样非常浓郁。这里的葡萄酒大体可以分成两类：第一类是以波尔多品种酿成的波尔多式混酿，包括红葡萄酒、白葡萄酒和贵腐葡萄酒；第二类则是采用波尔多之外的品种酿造的干红、干白、甜白、桃红和起泡酒等。

朗格多克鲁西荣：法国南部地中海岸边的郎格多克（Languedoc）与露喜龙（Roussillon）两个产区是全法国相对较大的葡萄酒产区，出产非常多样的各式葡萄酒，以地区餐酒（Vins de Pays）为主，AOC 葡萄酒产量较少。除了干红、干白和桃红外，这里的利慕起泡酒（Cremant de Limoux）和天然甜葡萄酒（VDN）都非常知名。因为这里以地区餐酒知名，因而其最大的竞争优势在于价格，加之日益改善的葡萄酒质量，所以偶尔被称之为法国性价比最高的葡萄酒产区。

普罗旺斯（Provence）：普罗旺斯位于法国南部，是大画家梵高曾经居住过的地方，并且梵高还画过一幅画，就是普罗旺斯的葡萄园，这里是法国且最令人神往的桃红葡萄酒圣地，没有之一。普罗旺斯的桃红葡萄酒颜色偏淡，果香浓郁，品质更是享誉全世界。这里同时也盛产薰衣草，是一个旅游风景不错的产区。

汝拉-萨瓦产区（Jura-Savoie）：这是一个经常被大家忽略的产区，只因为这里不仅面积很小，而且产量也不大，但因为环境特殊，葡萄酒风格独特，在法国众葡萄酒中独树一帜。汝拉产区最典型的酒叫作黄酒（Vin de Jaune），风格与西班牙的雪莉酒类似，此外这里的稻草酒（Vin de Paille）也非常不错；萨瓦产区则70%的葡萄酒都是干白。

法国葡萄酒另外一个特点就是法律法规非常的严格，法国以及每一个葡萄酒产区都有非常严格和细致的各种法律法规，包括种植、灌溉方式，每亩产量、酿造方式、葡萄品种等等。这样概括来说，看起来好像感觉不出什么，给大家说一个具体的例子来感受一下葡萄酒法律的严格程度。2018年3月法国爆出一则新闻，2016年份的法国波尔多列位三级的美人鱼酒庄（Chateau Giscours）因为涉嫌欺诈罪，2位经理被判刑，罚款20万欧元，2016年份共计五万三千瓶酒（总价值230万欧元，接近1800万人民币）被销毁。而原因只是因为2016年份的美乐葡萄品种在发酵时，酿酒师选择加了一些糖。加糖就是在葡萄汁液中加入并非来自于葡萄本身的糖分，是酿酒过程的一个选择，是酿造葡萄酒获得更高酒精度数的一种方法。萄酒的酒精来自于糖分，所以加糖的根本目的是为了得到更高的酒精度数（无论这个原因是不是由于消费者更喜欢高酒精度数的酒而来的）。当一些葡萄被过早的采摘（很多原因，比如说预报接下来会下雨），或者由于天气原因葡萄未能够完全成熟的情况下，葡萄中所含有的天然糖分就会较低，如果不进行加糖处理，可能无法发酵至市场接受度的12.5%～14%的酒精度数。一般偏凉爽型气候条件，或者葡萄品种属于比较难成熟的品种，会在法律上允许再发酵时额外添加一定额度的糖分，像波尔多这种每年都需要担心葡萄成熟度的产区，法律上，加糖是允许的，但这个允许是有一定范围的，针对葡萄品种，也针对最高可以加糖的量。

也就是说实际上，加糖是在波尔多被允许的，但是由于2016年份规定美乐葡萄品种在用于酿造特定等级的酒时不允许进行加糖处理。而美人鱼酒庄在得到这个通知之前已经向酒中添加了糖分，最后就导致了这个"悲剧"。从这一点上也可以看出，法国葡萄酒的法律法规有多么的严格和不讲情面。但也正因为这些严酷的法律法规，"逼迫"法国优质葡萄酒的形象这么多年一直未变，并且在后起之秀竞争日趋激烈的现在，也不会让葡萄酒爱好者对法国葡萄酒的热情减退。

法国葡萄酒的第三个特点就是酒标都不太容易看懂，这一点其实与法律法规有些关系，因为法国葡萄酒的法律法规规定了每一个大产区甚至子产区的法定的葡萄品种，比如说，如果你想在酒标上写是波尔多产区的酒，那酒瓶里的酒则必须是采用波尔多的几个法定的葡萄品种酿造，如果掺入了其他的葡萄，则不可以将"波尔多"作为法定产区写在酒标上。

而正是因为有这种大部分产区都对应的葡萄品种法规，甚至一些还对应了酿造方式，陈年方式甚至质量等，所以往往这些大家看得懂的信息，比如说品种，使用橡木桶等等都不会出现在酒标上，因为他们觉得"产区"已经可以代表了一切，而往往这些法语的地名我们基本上完全看不懂的，所以也造成了葡萄酒，有很多是需要依赖学习才能掌握的知识。

一张照片引发的血案

在我国对于法国的葡萄酒，了解的人总是会分为两个极端的立场，一种是超爱，觉得喝葡萄酒就应该喝法国的葡萄酒，其他国家的葡萄酒远远比不上法国的。还有一种态度是超厌烦，觉得法国酒在国内都已经做烂了，假货、水货遍地开花，酒标文字也是晦涩难懂。在此，我只能说这两种观点都没错，但都不全面，就好像一张纸正面是白色，反面是黑色，爱法国酒的人或许只看到了正面，而讨厌法国酒的人则或许是只看到了反面。

之前还有一个惹起很多争议的事情：法国前总统奥朗德上任，在媒体面前祝酒的时候拿杯子的方式错了，没有握杯脚，而是拿着杯壁。当这张照片被公布在百万爱酒人士面前时，马上引起了两种不同观点的激烈争辩，一种观点认为，作为一个葡萄酒生产大国、葡萄酒文化千百年传承、世界知名度第一的葡萄酒大国的总统，一个要把自己国家的葡萄酒文化宣扬到全世界的总统，居然连高脚杯都拿错，凭什么说服我们购买法国的酒？这边刚有几个法国大使在国内宣传葡萄酒文化，教育我们要怎么样品酒，回过头居然发现连你们总统都不会拿酒杯！然而另一种观点则认为，葡萄酒文化不是要求每一个人都循规蹈矩按照规则去做，而是深入到大众的每日生活中，并不是要求每一个人对于每一个细节都懂，中国也是以陶瓷和茶文化而闻名世界的，但是中国每个人都懂茶艺吗？每个人都懂陶瓷吗？

我个人觉得，中国葡萄酒界内的一小部分人，对于怎么开酒、怎么喝酒、怎么拿杯、用什么杯过于追求专业化。这并不是说专业化不好，但并不是每一个人都要先成为专家才能喝葡萄酒，毕竟喝酒和专业品酒是两件完全不同的事情。喝酒，要喝的开心，喝的舒服，喝的随意。而品酒则要选择合适的环境，用专业的酒具和正确的品酒方式。很显然，奥朗德并不是在专业的品酒，只是在很随意地喝酒。虽然在懂酒的人看来，有点不应该，但依旧是在可以理解的范围内。

只不过，这样一场辩论从侧面反映出，法国的葡萄酒和其葡萄酒文化在人们心中不可替代的地位。换个角度说，如果是澳大利亚总统或者是美国总统这么拿杯子，恐怕就不会有这场轩然大波了。其实澳大利亚和美国同样是葡萄酒生产大国，同样有着深厚的葡萄酒文化，同样都能酿造出世界顶级的葡萄酒，但是大家并不会对他们的总统太多苛求。因为在人们心中，法国葡萄酒始终还是有着它不可替代的地位，从香槟到拉菲，乃至波尔多这些在国内风靡的葡萄酒词汇，无一例外是来自法国。既然木秀于林，那么也只有想办法防风固沙了！

法国葡萄酒

葡萄酒是一个"圈" ▶━┥

法国葡萄酒，之所以让那么多人神魂颠倒，是因为它的"浅入深出"，为什么这么说呢，你可以回想一下，你初次接触到的葡萄酒是哪个国家的？我想十有八九是法国的，就如上文所提，我们从小就开始听说香槟，长大了又开始追捧拉菲，是法国人让我们感知了葡萄酒这个事物。

香槟、拉菲带着你走进了葡萄酒的世界，于是你开始好奇，除了拉菲还有哪些葡萄酒，慢慢地，你知道了还有其他波尔多名庄酒（可是喝不起）。后来，你知道了有AOC，知道了勃艮第。这表明你进入了葡萄酒世界的第二个层次。

在第三个层次，你开始想要了解更多国家的葡萄酒，了解了"新、旧世界"葡萄酒生产大国，开始品尝"新世界"的葡萄酒，开始了解世界各地的美酒。

到了第四个层次，你了解了自己的喜好，不仅有了喜欢的葡萄酒，还了解到了酿酒葡萄品种之间的差异，也确定了自己喜欢的葡萄品种。

到了第五个层次，你开始猎奇，因为你发现了小品种的可爱之处，你想要了解意大利葡萄酒，品尝意大利那些本土葡萄酒品种，开始研究葡萄酒与食品的搭配。

法国柏菲酒庄

第六个层次，你开始接触更丰富的葡萄酒，干白、干红已经无法满足你的需求，你开始想要喝冰酒、品尝雪莉酒、接触贵腐酒。你开始感叹，原来世界还有这么多千变万化的葡萄酒。

到了第七个层次，在世界各地的葡萄酒转了一圈后，你已经是一个行家了，你会神奇地发现，葡萄酒这个东西，越想要去了解它，越会发现更多的事物等待着你去了解。你或许会开始研究投资、研究期酒、研究评分、研究酒庄的家族史。你发现你又回到了法国，回到了波尔多，回到了勃艮第。入门时你曾在这里好奇的经过，但还留下了太多太多需要了解的问题。

这就是法国葡萄酒的魅力。它很复杂，也让人很享受这样的复杂。

产区越小、葡萄酒越好 ▶━━┥

中国常用地大物博这个词来形容大国的资源丰富，我们也常常认为大城市更发达，各方面条件更好，也往往会觉得，越大的省市实力会越强，比如北京、上海。我们会不自觉的认为，农村是不太发达的地方。比方说"广西壮族自治区柳州市鹿寨县黄冕乡幽兰村石冲屯"。

不过在说到法国葡萄酒的时候，刚刚好和中国的情况相反，之前介绍过，法国的酒标上很少会标记品

拉菲葡萄酒产区Pauillac

种，但会明确的标识产区。我们可以通过产区的标识来判断葡萄酒的品质，一般产区越小代表品质越高。比如说大家熟悉的拉菲葡萄酒，在产区地方写的是"波亚克村（Pauillac）"，这是一个村级的地名，它属于上梅多克（Haut-Mrdoc）地区，上梅多克地区属于波尔多（Bordeaux）产区。所以如果一瓶葡萄酒的酒标上面，产区标记的是一个大产区的最大范围的名称，比如直接标记波尔多或者勃艮第（Burgundy），虽然产区的名气很大，但是这么标识的葡萄酒级别其实是最低的。

　　再比如勃艮第地区，葡萄园的级别对于一瓶葡萄酒的意义甚至比波尔多地区更重要，波尔多的1855年分级制度是按照酒庄来分级的，但是在勃艮第，他们的分级制度则是按照葡萄园来分级的。比如可谓天下第一的罗曼尼康第，就是以葡萄园命名，它所在的葡萄园叫作罗曼尼康第（La Romanee-Counti），所在的村庄是沃恩罗曼尼（Vosne-Romanee）酒村，所在的地区是夜丘（Cote de Nuits）地区，再往上说才是勃艮第产区。所以，当我们拿到一款法国酒的时候，要先看它的产区，当然不是每个人都记得住法国的那些村庄名称，但是我们可以通过网络简单地搜索一下，就可以了解到这个名称的级别，级别越细，范围越小代表品质越高，或者说价格就会越高。

　　这就是为什么我前面讲到，葡萄酒是一个圈，转了一圈还会转回到法国，因为那些小产区，小村庄的名称真的太多了。这个时候才会体现出中华民族的汉字之伟大，就算再地大物博幅员辽阔，再没听说过的地名，只要在后面加上一个"村""乡""县"字，我们就完全能明确它的级别了。

葡萄酒产区的土壤分层

可以用来投资的葡萄酒——期酒

法国还有一种特殊类型的葡萄酒销售模式，叫作期酒，其本意是酒庄能提前把酿酒的成本收回来缓解现金流，消费者又可以用比市场价低很多的价格来购买到葡萄酒。但因为这个价格差异，很快就成了一种葡萄酒的投资方式。

每年春天，也就是上一年的收成之后，正好是波尔多列级酒庄新酒酿成之时，大批酒评家和酒商都会聚集在波尔多，来品尝刚刚出炉的新酒，进行评价和估价，其中最引人注目的是波尔多列级酒庄联盟会（Uniondes Grands Crusde Bordeaux）举办的期酒品鉴会。这个时候，大部分酒庄会据此公开发售一定数量的葡萄酒期酒。一级酒商在买到期酒后，又会将期酒发售给次级酒商，从中赚取差价。

注意，这个时候卖的其实就是一纸合同，而不是真正的酒，酒在哪里呢？酒还在各大酒庄的酒窖里储存着呢，一般还要在橡木桶中陈放一年半左右，才会发货给一级酒商，再运送给消费者。

陈年中的葡萄酒

葡萄酒跟中国房价拼涨速 ▶━━┥

"拉图退出期酒""2011年期酒有史以来第一次下跌""葡萄酒投资过时"……自2011年以来，一桩桩关于期酒的不利新闻开始接踵而来，但是负面新闻也是话题，如果它不是一个还在流行的话题，那么关于它的事情又怎么会当作一个新闻来发表呢！2011年期酒出现下滑的趋势是必然的，虽然现在在这里讲有一点马后炮，但其实在当时炒得最火热的时候，我就在QQ空间里写过，这是一个必然的经济规律，什么东西被炒得过火了都不要去碰它，明知道这个泡沫早晚会破，没有本事能掐好时间在破灭前出手，那么就干脆不要冒这个险。葡萄酒期酒，涨势可谓是从开始以来就没有下滑过。我们就拿1982年的拉菲做例子，它在1983年出售的时候为仅22英镑，到2010年的时候价值为3600英镑，足足增长了163倍。时至今日，1982年的拉菲酒市场的价格在98000人民币（约为11395英镑）左右，我想这个涨幅基本上与我国一线城市的房价相差不多了吧。

但是，有一个道理是永远不变的，那就是"物以稀为贵"，2009年的葡萄酒的确是个千载难逢的好年份，但是好年份不能年年有，偏偏赶上2010年也是个好年份。而且酒商在2009年的大幅渲染之后丝毫没有低调的意思，继续大肆炒作2010年这个年份的葡萄酒，导致到2011年的时候，虽然仍然是好年份却无人买账。我想，这大概就是为什么2011年也是不错的年份，罗伯特·帕卡却也沉默了，以他的水平不会不知道2011年是一个好年份，而他当时的态度却是"连尝都不想尝一下"。也许业内人士都知道，2011年就是再好，也炒不起来了。与其连续3个好年份的葡萄酒，倒不如在几个不太好的年份酒中出现一个高性价比年份酒，让大家重拾对期酒的信心。

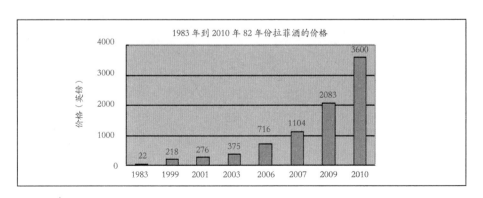

　　而这也是法国葡萄酒期酒的一个诱人之处，它就像股票一样（只是保险系数比股票高一些），让人在分析、挑战、冒险的同时有乐趣、有品位、有所期待。其实换个角度想想，如果我们有这个能力，花低价位购买期酒放到接近适饮年份再卖掉，到时哪怕只卖2/3也可以赚回所有的投入了，那么剩下的美酒还可以自己享受，这样的好事何乐而不为呢？只是拜托那些所谓的"专家"，不要再来炒作搅和这本应平静的市场。我遇到过这种所谓的"专家"，我觉得与其说他们爱酒，不如说他们爱钱、爱地位、爱名利、爱自己。

拉菲为什么那么贵

　　饭桌上，经常被人问到这个问题？拉菲酒是和别的酒不一样吗？是葡萄品种特殊吗？为什么那么贵？其实很多人都有类似的问题，葡萄酒都是葡萄酿造而成的，为什么有的二三十块钱就能买到，而有的两三万都不够买一瓶，究竟他们的差别在哪里？除了列级酒庄和膜拜酒，大部分葡萄酒的价格差异区间基本就是在几百元到几千元。那么为什么拉菲就要那么贵？一瓶酒就要好几万？它到底贵在了哪里？

拉菲酒庄

注：基本上只有法国酒才会每个年份有这么大的价格变化，而且同一瓶酒在不同年份购买价格也不同，所以可以用来投资。

拉菲葡萄酒的价格，有一部分是市场需求所抬高的价格，但即便除去市场的影响，拉菲酒庄的葡萄酒依然有它贵的理由。从原料、酿造工艺到陈年都有它贵的原因。

首先，采摘方式的不同，很多大牌酒商为了加快采摘的速度，降低成本，会使用机器采摘。而用于酿造高品质葡萄酒的葡萄则需要人工采摘，像拉菲葡萄园到了采摘季，采摘葡萄的工人就高达500人，500人同时采摘，即保证了葡萄的质量，也避免了手工采摘拖延时间。但500人的采摘成本则远高于机器采摘，并且为了节约时间，需要在采摘的同时进行筛选，而一般的葡萄酒通常是不会进行筛选或者在采摘之后才进行筛选的。

另外，拉菲最与众不同的是，所有拉菲酒庄的正牌葡萄酒一律用100%的新法国橡木桶发酵酿制。很多酒庄，包括一些很有名气的知名葡萄酒品牌，都是使用不锈钢发酵罐发酵酿造的，不仅是因为橡木桶的造价高，同时也因为橡木桶极其难清洗。所以现在很多酒庄已经停止使用橡木桶作为发酵的容器，而只是作为陈年的容器。但拉菲酒庄不仅坚持使用100%新橡木桶，并且为了保证橡木桶的质量，还自己制造橡木桶。所以橡木桶的成本和人工成本也会计算到酒的成本中去。

当然，像拉菲这样的品牌，还要将葡萄酒本身质量之外的因素考虑进去，比如酒庄的级别，比如市场需求，比如罗伯特·帕克的评分，比如一些酒商的炒作等。

波尔多的酒庄城堡

不知名产区的知名酒

在这里说香槟、罗纳河谷这样的产区不知名，实在是罪过了，暂且算是相对于波尔多而言这样说下吧。法国除了波尔多的列级酒庄和勃艮第的顶级葡萄园之外，还有红瓦房阿尔萨斯，其生产的白葡萄酒产量占法国白葡萄酒总量的1/5；罗纳河谷的教皇新堡产区；法国最大的葡萄酒产区朗格多克·鲁西荣；满目薰衣草的普罗旺斯，其桃红葡萄酒产量位居世界第一；汝拉产区，其生产的黄葡萄酒是这一地区的代表酒款。如果有机会去各个产区旅游，一定不要错过各个产区的代表酒款。

为什么你只听说过波尔多

如果10年前或5年前问你，或更近就这一两年问你，你知道哪些葡萄酒的产区？大部分人只会回答出波尔多，只有小部分的人，会在回答出波尔多之后，说出一些别的产区。为什么我们只知道波尔多？

绝对不是因为波尔多的酒最好，因为它不是（波尔多的廉价餐酒占比很大），也绝对不是因为波尔多的酒最贵，因为它也不是（最贵的酒在勃艮第），那么它为什么如此深刻地印在我们的脑海中呢。

或许只是近几年，大家才开始对葡萄酒比较熟悉，又或许只是前些年，你才开始注意到葡萄酒，了解波尔多。现在回想起来，可以发现，自从葡萄酒这几个字在市场中流行起来时，波尔多这三个字就不停地出现在我们眼前、耳边，挥之

波尔多葡萄树

波尔多葡萄园

不去。其实，在我们还没有注意到葡萄酒，还不知道法国波尔多的时候，波尔多酒商就已经在幕后做了大量的工作。

在我们国家买米还需要用粮票的年代，波尔多的葡萄酒商就已经开始打中国市场的主意了。波尔多的酒商不仅开始向中国出口葡萄酒，并且深入地研究了中国市场，他们细致地制订了波尔多葡萄酒在中国市场的开发策略，从波尔多葡萄酒的整体市场定位、品牌定位细致到活动安排、培训品鉴、文化宣传等都做了周密的计划和安排，并且按照这个计划一步步打入了中国市场。

起初由于中国所处于的年代，葡萄酒绝对是极为高端的奢侈品，也只能被当作奢侈品享用，法国波尔多酒商也看准了这个市场，在各种宣传渠道中塑造波尔多葡萄酒贵族奢侈的形象，打入了中国最高端的市场，比如当时举办的"奢品艺术级波尔多"从活动的名称中就能看出来他们当时的定位。这一策略延续了很久，直到今天依旧有很多人认为生产葡萄酒最好的国家就是法国，最好的产区就是波尔多。随着中国经济的繁荣富强，人们的生活水平迅速提高，达到小康生活的人群越来越多。法国人发现不是只有最高端的人群才有能力购买葡萄酒，相反，越来越多的中层白领和时尚人群都开始进入到葡萄酒的购买大军，他们意识到继续保持高不可及的形象势必会错失更大的中国市场。从那之后他们对波尔多重新定位，直到今日，他们一直宣传着一种更加亲民平民的概念。比如每年都会在中国各地举办的"随时随意波尔多"，从名字上就可以感受出有多亲民，随时都可以喝一点波尔多酒，这不就是日常饮用葡萄酒吗，跟过去单纯的奢侈贵族的风格完全不同了。

虽然，现在很多人会说，波尔多的酒越做越杂，越来越乱，但是我们不得不佩服波尔多葡萄酒商人的市场营销本领，他们愿意做先锋部队，在前期投入大量

波尔多葡萄酒

波尔多大区葡萄酒

的精力和金钱做市场调查和市场培育，得到如今的回报理所应当，我们也应该尊重波尔多人这些年来在中国市场上做出的成绩。

知名酒庄介绍 ▶━┥

法国知名的酒庄有很多，其实大部分在网上都可以找到相关的介绍。除了波尔多之外，勃艮第、罗纳河谷、朗格多克等知名的葡萄酒产区也都有出产顶级葡萄酒的酒庄。这里给大家介绍几个比较常见的酒庄。

木桐酒庄（Château Mouton Rothschild）

木桐葡萄园的土地最早称为Motte，意为土坡，即Mouton的词源。1720年布莱恩男爵（Joseph de Brane）开辟葡萄园时，确定了木桐的领地权，这块葡萄园便称为"布莱恩-木桐（Brane-Mouton）"。1853年，菲利普男爵的高曾祖父纳撒尼尔·德·罗斯乔德男爵购买木桐酒庄时，已有37公顷葡萄园，种植的葡萄以赤霞珠为主。购买酒庄2年后，便经历了著名的1855年波尔多分级，木桐酒庄被列为二级葡萄园庄，当时波尔多"葡萄园分级联合会"认为木桐在二级中出类拔萃，所以列为二级头名。

　　购买酒庄后，罗斯乔德家族虽然世世代代在改善葡萄园和酿酒上努力，但谁也没有亲自在波尔多经营酒庄。直到1922年，20岁的菲利普男爵正式掌管木桐酒庄，成为罗斯乔德家族第一个认真经营酒庄的人。菲利普建立了管理制度，改善葡萄园，1924年他首创了葡萄酒瓶装线，1926年他增建100米长的橡木桐陈年窖，将木桐酒庄从一个普通农村庄园变为世界先进的顶级酒庄。由于木桐酒庄葡萄酒的质量高，使其价格一直在高位，有时甚至超过四大顶级酒庄的酒价。因此菲利普提出木桐酒庄升级，并为此努力了20年。1973年木桐正式升级为一级葡萄园庄，是波尔多分级后唯一一个升级的酒庄。从此，木桐酒庄成为法国波尔多五大顶级酒庄之一。

玛歌酒庄（Chateau Margaux）

　　玛歌酒庄是1855年波尔多葡萄酒评级时的顶级葡萄酒庄之一。连同奥比昂酒庄、拉图酒庄、拉菲酒庄及1973年入选的木桐酒庄，并称波尔多五大名庄。其位于波尔多酒区的梅多克分产区，气候土壤条件得天独厚，葡萄园面积87公顷，其中78公顷种植葡萄，产量很少，平均葡萄树龄为35年，葡萄品种以赤霞珠为主，占75％左右。玛歌酒庄以出产红葡萄酒为主，只产少量的白葡萄酒。正

牌酒为玛歌，副牌酒为红楼（Pavillion Rouge）。玛歌酒庄的城堡建于拿破仑时期，是梅多克地区最宏伟的建筑之一。

　　玛歌酒庄历史悠久，已有数百年历史，如同人的命运一样，玛歌酒庄也有着它的辉煌与低迷，它的历史留下了世代承袭家族生活的烙印。早在1787年，对法国葡萄酒痴迷有加的美国前总统托马斯·杰弗逊就曾将玛歌酒庄评为波尔多名庄之首。斯托纳（Lestonnac）家族长期拥有玛歌酒庄，到1978年，经营连锁店的泽洛普洛斯（Mentzelopoulos）家族购买了酒庄，大量的人力和财力投入使玛歌酒庄的酒质更上一层楼，达到了巅峰。

奥比昂酒庄（Chateau Haut-Brion）

　　波尔多的顶级酒庄极少在顶级酒单上重复出现，只有奥比昂酒庄是例外，它是唯一一个红白葡萄酒都名列顶级酒单的酒庄。奥比昂酒庄有很多的例外，它是最早以酒庄名号闻名欧洲的波尔多酒庄。1855年分级时又续写了另一次例外，当时所有红葡萄酒列级的酒庄都在梅多克，而奥比昂酒庄在格拉夫，也荣列一级酒庄。奥比昂酒庄不仅红葡萄酒闻名世界，白葡萄酒也极为出色，香气馥郁芬芳，是波尔多所有干白葡萄酒中香气最复杂的一种，其口感圆润，质感精致，绵长迷人，风格独特，具有超凡的陈年潜力。奥比昂白葡萄酒产量极少，一价难求，是波尔多干白葡萄酒之王。

奥比昂酒庄由强·德·邦达克创建于1550年。考古资料显示，奥比昂酒庄一带早在罗马时代就已开始栽种葡萄，然而关于葡萄园最早的正式记载则出现在1423年以后，当时的酒均以庄主的名称命名。以奥比昂为例，当时的庄主邦达克以其姓氏为自家的酒命名，后来由于佳酿的名声日益昭著，酒庄名便取代了酒名，自此之后，葡萄酒与酒庄同名的新概念就此诞生。当时著名的酒评人杉缪·佩匹曾于1663年4月10日写道："这种名为奥比昂的法国葡萄酒滋味美妙独特，我第一次品尝到如此特殊的佳酿……"

白马酒庄（Chateau Cheval-Blanc）

白马酒庄占据了圣埃米里翁（Saint-Emilion）独特的地理位置，其神秘的酒庄名、无与伦比的品丽珠（Cabernet Franc），以及出品的简单而又惊人的葡萄酒，使白马酒庄成为许多人心中不可抗拒的诱惑。白马酒庄是圣埃米里翁列级名庄中第一级A组中排名第一的酒庄，酒庄面积已达41公顷，也是近年来世人常称的波尔多八大名庄之一。

白马酒庄是在19世纪初成园，正式命名为"白马酒庄"是在1853年。为什么叫白马酒庄有两种传说，一种说法是以前酒庄的园地有一间别致的客栈，供亨利国王骑白色的爱驹路过此地时休息。因此客栈就取名"白马客栈"。后来改为酒庄后也顺称白马酒庄。另一种说法是此地属飞卓庄*时并未大面积种植葡萄，而是养马的地方，所以被出售并大面积种植葡萄成为酒庄后正式取名白马酒庄。无论如何，白马酒庄是圣埃米伦区被同一家族拥有最长时间的酒庄。

拉图酒庄（Chateau Latour）

拉图酒庄位于波尔多西北50千米的梅多克分产区的波亚克村，气候土壤条件得天独厚。葡萄园面积65公顷，其中47公顷在领地的中心地带。葡萄品种以赤霞珠为主，占75%左右，美乐占20%左右。其出产的葡萄酒会在新橡木桶中陈年18个月。拉图酒庄产的葡萄酒丹宁丰富，通常要十到二十年才能成熟。

在15世纪中期，这里建造了用于河口防御的瞭望塔，位于距吉伦特河岸大约300米的地方，被称为圣莫伯特塔（Saint-Maubert Tower），是一个至少有2层的方形瞭望塔。现在这个被称为圣莫伯特塔的建筑早已经不存在了，矗立在

注：飞卓酒庄（Chateau Figeac）位于波尔多右岸圣埃美隆（Saint-Emilion）产区最西边与波美侯（Pomerol）的交界处，北邻白马酒庄（Chateau Cheval Blanc），在1955年被评为了圣埃美隆一级B等酒庄。

拉图酒庄内的圆形白色石塔建于1620年至1630年，原来是一个鸽子房。此后，这座白色石塔成为拉图酒庄的标志性建筑，它"目睹"了酒庄300多年来的沧桑变幻。

罗曼尼·康帝酒庄（La Romanee Conti）

罗曼尼·康帝酒庄是法国最古老的葡萄酒庄之一，谈到它时，即使是顶级波尔多酒庄的主人也会表达崇高的敬意。曾掌舵伊甘酒庄（Chateau d'Yquem，波尔多顶级酒庄之一）长达30余载的老贵族——亚历山大·德·吕合萨吕斯伯爵就曾经提到过，在他家只能轻声而富有敬意地谈论罗曼尼·康帝酒庄。

罗曼尼·康帝酒庄最早可以追溯到11个世纪之前的圣维旺·德·维吉（Saint Vivant de Vergy）修道院。12世纪开始，在西多会教士的建设之下，其区域内的葡萄种植和酿酒已在当地有一定声誉。13世纪时圣维旺修道院陆续又购买或接受捐赠了一些园区。1276年10月的某一天，时任修道院院长的伊夫·德夏桑（Yvesde Chasans）又买下了一块园区，其中就包含现在的罗曼尼·康帝酒庄。

　　罗曼尼·康帝酒庄声誉日增，其所产的葡萄酒价格也扶摇直上。康帝亲王于1760年7月18日以令人难以置信的高价购入罗曼尼酒庄，从而使罗曼尼酒庄成为当时世界上最昂贵的酒庄，并确立了其至高无上的地位。1869年葡萄酒领域非常有名的雅克·玛利·迪沃·布洛谢（Jacques Marie Duvault Blochet）以260,000法郎购入罗曼尼·康帝酒庄，至此罗曼尼酒庄酒品质得到全世界的认可，钻石又重新闪耀世间！1942年，亨利·勒华（Henri Leroy）从迪沃·布洛谢家族手中购得罗曼尼·康帝酒庄一半股权，直至今天罗曼尼·康帝酒庄一直为两个家族共同拥有。

第三节
意大利——最难懂的国家

我虽然经常喝意大利葡萄酒，但很惭愧，还不能真正领悟意大利葡萄酒的灵魂，或许是因为它的底蕴太过深厚、内容太过丰富了，它充满着一种神秘感，同时又很矛盾地给了我一份亲切感。意大利被认为是最难懂的一个葡萄酒国家，遍地葡萄酒产区，3000多个葡萄品种，一下子酒名，一下子产区名，一下子品种名，同样的品种在不同地方还叫不同的名称。要想搞懂这个国家的葡萄酒文化还真是要下一番功夫才行！

意大利葡萄酒

低级别的顶尖酒

意大利有着比法国更加悠久的葡萄酒历史，有着同样严格的葡萄酒分级制度，但是与法国不同的是，意大利人民的热情和创新意识也凝聚在了葡萄酒中，意大利的酒标往往在设计上比其他"旧世界"酒标更有创意，艺术感也更为强烈，五颜六色的酒标堪比"新世界"葡萄酒标的样式。

首先介绍一下意大利葡萄酒的分级体系：

1. 日常餐酒（Vino da Tavola或VDT）

这种酒很少有瓶装酒，大部分是散装酒，常见于意大利本地餐厅常用的招牌酒。

2. 地区餐酒（Indicazione Geografica Tipica或IGT）

指意大利某地区酿制的具有地方特色的餐酒，它对葡萄的产地有规定——要求酿酒所用的葡萄至少85%来自特定的产区，同时必须由该地区的酒商酿制。

意大利葡萄酒酒标

若VDT级葡萄酒的产区已经达到IGT规定的要求，可以申请升级为IGT级。需要注意的是，在意大利西北部的瓦莱达奥斯塔产区（Valle d'Aosta），人们用法国的地区餐酒VDP（Vin de Pays）来表示IGT，而在南蒂罗尔（Sudtirol）产区则用"Landwein"（地区餐酒）来表示IGT。

3. 法定产区级葡萄酒（Denominazione di Origine Controllata或DOC）

指必须按照产区规定的种植、酿造方式生产葡萄酒，并经过检验认证。

4. 优质法定产区级葡萄酒（Denominazione di Origine Controllata e Garantita或者DOCG）

这个等级适用于已经是DOC等级的产区，因一些产区出产的葡萄酒品质优良，高出一般DOC级产区的品质而给予认定。从DOC级产区升到DOCG级最少需要5年的时间。

虽然意大利也有着严格的分级制度，但是很多意大利酿酒师勇于打破传统而酿造出顶级的好酒，最终却因为没有按照当地的酿酒规则（比如法定品种的运用），导致这种顶级的好酒却处于一个很低的级别。所以，如果遇到意大利IGT级别的却要成千上万的葡萄酒也无须惊讶。有些IGT级别的葡萄酒，无论口感和价格都远远地超过意大利最高级别DOCG的葡萄酒。这也是意大利葡萄酒魅力的一部分吧。

村庄名？产区名？酒名？品种名

意大利是种植酿酒葡萄品种最多的国家，全国有3000多个葡萄品种可以用来酿酒，并且多是意大利本土的葡萄品种，世界其他产区很少会出现，而且名称冗长，又是意大利文，让人很难记得住。但是最让人头疼的还不是这些难记的小品种，而是你根本分不清，意大利葡萄酒哪些是品种名称，哪些是酒名，哪些是地区名称。

这些名称，如果是在"新世界"葡萄酒国家，非常容易被区分，比如说Barossa valley penfolds Bin389 cabernet shiraz，一看就知道Barossa valley是产区，Penfolds是酒庄，Bin389是酒名，Cabernet Shiraz是葡萄品种。但是意大利的那些名称却很难辨认，也难界定。比如说基安蒂（Chianti），本身是产地名称，但由于这个产地的酒都由这个产区命名，所以基安蒂同时也是酒名。而古典吉安蒂（Chianti

意大利葡萄酒产区

Classico）则是由Chianti延伸得来的酒名，并划分出一个区域专门酿制这种葡萄酒。再比如意大利西北部皮尔蒙特（Piedmont）产区的那三宝：巴巴莱斯科（Barbaresco）、巴罗洛（Barolo）和巴贝拉（Barbera）。这三款酒可谓同为意大利皮埃蒙特产区的特色葡萄酒，举世闻名，但是巴巴莱斯科和巴罗洛都是源自于产区名称的酒名，它们的酿造品种都是内比奥罗（Nebbiolo），而巴贝拉则本身是葡萄品种的名字，酒也因葡萄品种而得名。

意大利的葡萄酒名可能来自以下几种情况：

1. 因产区得名；

2. 因级别得名；

3. 因品种得名；

4. 因特殊风格或意义得名。

所以，一个名称可能同时是产区名，也是酒名，这个产区中，还可能存在其他葡萄酒，而这个葡萄酒又会因为某些因素（如村庄名、特殊含义）有其他的酒名。这么错综复杂的关系，想要捋清、熟记的确不是一件容易的事情。

因不懂而受欢迎

意大利葡萄酒也是一个塞翁失马的例子，因为难懂，所以让人比较难接受，而又因为大家不太容易接受，所以价格相对较低，故而性价比高，受到一些侍酒师、酒评家的极力推荐。所以说难懂，也不一定是个坏事。

曾经看到一篇文章中作者教大家如何选择300元左右的好酒，第一条规则便是买意大利小品种葡萄酒。意大利的小品种葡萄酒大家知道的不多，所以性价比极高，口感也常超出人们的期待，所以300元就能买到非常不错的。那位作者还非常风趣地说，只要你看到意大利那些又长又看不懂的酒名时，你就点吧，准没错，越复杂越看不懂就越可以放心地去选择。

罗密欧与朱丽叶的家乡 ▶━━┥

莎士比亚笔下的凄美爱情故事就有发生在意大利，罗密欧与朱丽叶的爱情在维罗纳产区完结。这种苦涩恋情的味道也在这里得到的永存，那就是著名的阿马罗内（Amarone）葡萄酒，Amarone在意大利语中有苦涩的意思，而谐音又是爱情的意思。阿马罗内这种酒是将葡萄采摘后放在有空气流动的室内进行风干，一般要风干3个月后再进行发酵，因为水分被风干掉一部分，所以酿出的葡萄酒浓烈而悠远，爱的味道、爱的深意都在这款酒中体现，故而成为当世佳酿，也因风格特殊，价格适中，成为不少葡萄酒爱好者们爱不释手的酒款。

知名酒庄介绍 ▶━━┥

了解葡萄酒，也要了解一些知名的酒庄，这样你和别人谈论葡萄酒的时候，至少也多了谈资。

意大利的"拉菲"——西施佳雅酒庄（Sassicaia）

1978年，英国最权威的《Decanter》（醒酒器）杂志在伦敦举行世界卡贝耐红酒的品酒会。期间包括著名品酒师休·约翰逊（Hugh Johnson）、施慧娜（Serena Sutcliffe）、克拉夫·柯特斯（Clive Coates）等在内的评审团一致好评，1972年的西施佳雅葡萄酒从来自11个国家的33瓶极品葡萄酒中脱颖而出，成为世界上最好的赤霞珠红葡萄酒。至此，西施佳雅终于闻名世界，成为意大利当之无愧的酒王，同时也成为六十大"超级托斯卡纳（Super Toscana，指一些满怀热情强调独创性的酿酒师，在葡萄品种、混合比率、酿制方法等方面对传统做法进行大胆革新，酿制出独特而优质的葡萄酒）"的头号作品。

意大利最大的卓林酒庄（Zonin）

卓林酒庄当之无愧是意大利最大的酒庄，它有11个葡萄园，遍布意大利几个大区，甚至在美国也拥有1个葡萄园。卓林酒庄在意大利的葡萄园占地3700公顷，其规模是意大利私有酒庄中最大的，在整个欧洲名列第三。与古老的城堡相比，新建的酿造厂十分看重与原有环境的协调，当地政府部门对新报建项目批复时也会考虑新旧建筑的协调统一。

意大利的葡萄园

卓林酒庄中办公室之间的走廊实际上就是一座葡萄酒博物馆，古老的马车、采摘葡萄用的篮子、压榨机等用具充斥其间，还有各种各样的开瓶器和很多的葡萄酒。卓林酒庄的地下酒窖建筑风格独特，步入其中会有一种进入古罗马宫殿的感觉，这里的灯光好像使用了教堂里的采光技术，没有一束直射的光线。卓林酒庄种植了150多种葡萄，其中80%的品种属红葡萄。所产葡萄酒覆盖从ASTI DOCG系列到经典的DOC系列，这些产品均保留了意大利传统经验，同时又吸取了国际先进的酿造技术，使卓林酒庄的葡萄酒畅销世界。

卡斯特罗·班菲酒庄（Castello Banfi）

班菲酒庄地处意大利托斯卡纳（Tuscany）地区，在意大利是家喻户晓的珍宝，享有"艺术酒庄"之称（很多是因为班菲酒庄多使用艺术作品、画作来作为酒标）。在短短30年内，它一跃成为世界一流酒庄中的一颗耀眼明珠。

该酒庄由很多单一葡萄园组成，这里具有优异的气候和土壤条件，种植的葡萄品种有霞多丽和灰比诺等。除了种植这些葡萄外，这里还先后进行了多种法国著名葡萄品种的种植实验，如种植赤霞珠、美乐、长相思等，而这些品种都是几个世纪从未在托斯卡纳的土壤上种植过的；此外，班菲酒庄是第一个引入桑

娇维塞克隆品种的意大利酒庄。在意大利45种被许可的桑娇维塞克隆品种中，有6种来自于班菲酒庄。班菲酒庄几十年的品种研究和种植试验成就了布鲁奈罗（Brunello，产自本土的桑娇维塞品种）葡萄酒的复兴。而布鲁奈罗也成为了目前意大利顶级的酒款之一。

最具国际化意识的马西（Masi）酒庄

马西庄园坐落于一片森林保护之中，据说当年但丁流浪到此地，看此地风光与故乡佛罗伦萨极相似，十分喜欢，便在此置业定居。直至今天，美丽的田园风光加上诗意的但丁传奇仍吸引了世界各地的游客。很久以前，马西庄园还是一片汪洋，后来水退去，土地异常丰沃，极其适合葡萄藤和橄榄树生长，这里就成了马西公司的庄园。

今天，在马西酒庄的酒窖里，人们用蓝色马赛克和一个个硕大的橡木桶记录着这段沧海桑田的历史。马西酒庄的主人全球游历，与各地的酒界人士广泛交往，吸纳各方优秀经验，使马西酒庄拥有了全球性的声誉。如今马西早已成为一个国际性的大公司，它的葡萄酒在中国也有着良好的销售业绩。马西公司还致力于各种酒文化交流促进活动，其设立了两项大奖，一项奖励本地在科技、文学领域做出突出成就的人士；另一项用来奖励全球各地促进葡萄酒事业发展的人士。

第四节

澳大利亚——变成酒痴的地方

澳大利亚的葡萄酒历史并不长，却是葡萄酒世界中的一匹黑马，尤其是在南澳，那种深厚的葡萄酒文化很难想象会出现在一个仅有200多年历史的国家。在去澳大利亚之前，因为酒精轻度过敏我是一个滴酒不沾的人，第一次喝"葡萄酒"，是在朋友家喝的酸酸甜甜的加着冰的"葡萄酒"，那时葡萄酒对于我来说，就是一张白纸。而到了澳大利亚，短短2年时间，这里的葡萄酒文化让我毅然决然地选择了葡萄酒专业，且不折不扣地一直在这条路上走了下来。是什么样的魅力让一个对葡萄酒一无所知的人变成一个酒痴？所以不要轻视"新世界"，"新世界"是一个充满惊喜和奇迹的选择。

澳大利亚葡萄酒文化之旅

如果不是因为低头看见微风吹过葡萄叶微晃，抬头看到了天上的白云缓缓地飘过，你会以为时间停止了脚步，地球忘记了转动，只有杯中红酒在旋转，只有天地间这股酒香在飘动。澳大利亚，这个地广人稀的世外桃源，酿造了一杯杯使人惊喜的葡萄酒，造就了一幕幕让人沉醉的葡园景致。

澳大利亚葡萄园

你可能认为澳大利亚不过200年的历史，它的葡萄酒历史又能有多久，但是，当你看到每周五晚派对开始，大街小巷人头攒动，每个人都手持一杯葡萄酒助兴；当你看到周六一早葡萄园区车来车往，各个酒窖的大门敞开，每个人都不会错过品一品葡萄酒滋味时。你会惊讶于这浓厚的葡萄酒文化，会好奇地浅尝这片土地酝酿的酒液，之后，你会开始留恋那深沉的感触，那安逸的情调。那么，是什么造就了这些呢？

零售商权势集中

澳大利亚葡萄酒产业目前拥有超过2000个葡萄酒公司，5000个葡萄酒品牌，且同时存活在这个市场上。然而除了一些大品牌外，平时很少会看到和听到葡萄酒的广告，即便是大品牌也只有一些宣传海报，基本上不会在电视中出现广告。但这些品牌都安然地存活着，虽然偶尔有一两个出局，但是总会有新的填补，而且它们依旧可以在这个市场中立住脚跟继续发展。是什么造就了澳大利亚葡萄酒产业在没有广告推动的情况下，依旧可以这样生生不息呢？

首先，澳大利亚政府对葡萄酒有保护政策。澳大利亚政府基本上不进口其他国家的产品，这一政策不仅限于葡萄酒，也包括其他很多产品，比如说水

Dan Murphy超市

澳大利亚葡萄酒专卖店货架

果。澳大利亚的香蕉曾一度上涨到16澳元（约77.5元人民币）每公斤，即便如此政府依旧不允许进口。这种政策使得国家自身的葡萄酒产业与其他国家之间没有任何竞争。

其次，澳大利亚葡萄酒零售商的势力比较集中。一般都是厂家把酒卖给经销商，经销商再卖给终端市场。不过，澳大利亚的终端市场情况与中国有很大区别，澳大利亚的市场基本上处于半垄断状态。

法律规定买酒人的年龄必须超过18岁，所以澳大利亚超市里不可以卖酒。买酒只能去以下6个葡萄酒专营店：Liquor land，Vintage Cellars，Choice Liquor Superstores，Theo's，BWS和Dan Murphy。前四家是属于同一个公司，后两家属于同一个公司。也就是说澳大利亚的酒专营店一共只有两个公司而已。这就使得经销商在卖酒的时候没有太多的选择，而厂家也就无须做广告促销等工作，甚至厂家在定价上也显得无能为力，因为零售商的势力太大太集中，他们甚至有能力压制经销商的价格。因为零售商可以以非常低廉的价格进到高品质的葡萄酒，所以在市场上葡萄酒的性价比非常好，20澳元（约合100元人民币）就可以买到品质很高的葡萄酒，这也吸引了更多消费者来购买。

最后，由于澳大利亚地广人稀，大部分人住在郊区，为了各区域的居民方便购物，每一个区都有一个独立的小型购物中心，其中只有一家葡萄酒专营店，所以各个专营店之间即便不属于同一公司也并不存在竞争关系，也无须大幅度降价促销和做大规模的广告宣传了。

以上这几个方面的原因造就了澳大利亚葡萄酒产业与消费者之间的一个良性循环。由于品牌很多，消费者在选择葡萄酒时更看重葡萄品种和价格，葡萄酒专营店里的摆放也是根据葡萄酒品种与价格而非品牌来定的，这就使零售商在进货时更看重葡萄品种与性价比，致使经销商不在乎牌子的大小，厂家也就不在乎开发新的品牌。

酒窖门店推广文化

若不明白是什么推动了澳大利亚葡萄酒文化，那么来感受一下澳大利亚酒厂的酒窖门店（Cellar Door）吧。澳大利亚酒厂大部分都集中在葡萄酒产区，且大部分葡萄酒厂的酒窖门店都和酒厂相邻或相隔不远。澳大利亚大大小小的葡萄酒产区一共有24个，西澳的产区数量最多，南澳的产区产量最大，以至于南澳自称为葡萄酒省，其中最出名的巴罗萨谷（Barossa Valley）就拥有100多个葡萄酒厂，70个对外开放的酒窖门店。酒窖与酒窖之间相隔很近，有些开车只有不到2分钟的距离，住在附近的人散步的时间就可以逛几个酒窖了。

这些酒窖门店可以说是风情万种，各有特色。禾富酒庄（Wolf blass）还没有进门就给人一种很摩登高档的感觉，一眼望去两侧的落地玻璃，显著位置摆放的高傲张扬的黑色鹰雕，进入酒窖通体舒畅，视野宽广，现代而时尚。其附带产品很多，与其说是葡萄酒的酒窖倒不如说是禾富酒庄品牌的专卖店，让

禾富酒庄酒窖门店

禾富酒庄酒窖门店

奔富酒庄酒窖门店

人忍不住想要去参观每一件物品。而奔富酒庄（Penfolds）酒窖的感觉则完全不一样，外边是红色的砖墙，未添加一丝修饰，保持着古香古色的风情，一进门四周依旧是红色砖墙，墙上挂着酒厂的历史介绍，进入房间，门的两侧就是清一色的奔富酒庄葡萄酒展，连垃圾箱都是橡木桶改造的，墙上设计有储藏酒的酒架，不管上边放的是真葡萄酒抑或只是空瓶子，整个酒窖给人浓厚的葡萄酒文化气息。房间四周没有玻璃窗，让人感觉进入了一个封闭的葡萄酒世界，在其中尽情畅游，不愿离开。

　　规模小一些的酒厂酒窖也毫不逊色，有一家我曾经去过的酒窖，给我留下了很深的印象，酒窖的装饰让人有一种家的感觉，暖暖的壁炉旁边还有书架，上边放着各样的与葡萄酒以及与这个葡萄园有关的画册。给我印象最深的是一个装有狗照片的画册，名字叫作酒庄宠物狗，是这个葡萄酒产区所有葡萄酒公司宠物的照片，哪只狗是属于哪一个公司的都有介绍。一本小册子把几十家酒厂都连在了一起，连成了一个大家庭，让人倍感温馨。

　　这些酒窖是澳大利亚酒文化传播的主体，没有了它们，葡萄酒的背后就会变得空旷而单薄，正是酒窖文化让人们看到葡萄酒时能想起那温馨的旅途，那飘香

酒窖的宠物狗

的酒窖，那翠绿的葡萄园和品尝时那一杯葡萄酒入口的香醇迷醉，让葡萄酒拥有了更多被选择的理由。

世界上最古老的葡萄园 ▶━━┥

　　世界上最古老的葡萄园位于南澳巴罗莎谷（barossa valley），属于兰迈酒庄（langmeil winery）公司，其葡萄种植品种应该是设拉子。它今年已经170岁了，是目前世界上年龄最大的葡萄园。

　　葡萄园中葡萄的质量对葡萄酒有着最重要，也是最直接的影响，一瓶葡萄酒最后的质量有70％以上取决于葡萄的品种和质量。葡萄园也是年纪越大的接出来的葡萄质量就越好，这个其实很好理解，道理和做人差不多，随着年龄的增长，人会变得越来越完善，懂得知识越来越多，经验越来越丰富，处理解决问

兰迈酒庄的老藤设拉子葡萄藤

题越来越成熟，葡萄园也是如此，葡萄藤年龄越大就越"懂得"怎么接出好质量的葡萄。

不过现在好多葡萄园主，尤其在欧洲，都已经拔掉了老的葡萄藤，种植新的，这也就是为什么欧洲有着更久远的葡萄酒历史，但世界上最古老的葡萄园却在南澳。

除去老的葡萄藤而种植新的，主要有两个原因：

第一，正如人一样，老了以后，虽然比小的时候懂得多，做得好，但是随着年龄的增长，做事情会逐渐慢下来，速度上比不过年轻的孩子们，葡萄园也是这样，虽然产出的葡萄质量好，但是产量很低。正常的葡萄园，每一棵葡萄藤接出的葡萄可以制造出5～6瓶葡萄酒，而这个最古老的葡萄园每一棵葡萄藤接出的葡萄只能酿造出1瓶葡萄酒，虽然质量好，但是产量太低，导致价格高，很难符合现在的消费者对高数量低价格的葡萄酒要求。

第二个原因，欧洲那边有段时间葡萄园发生了大面积的疾病，所以迫使欧盟（EU）决定拔掉所有老的葡萄藤，种植新的。

用最老葡萄藤结出的葡萄酿造的酒

回头再说这片葡萄园，这片葡萄园面积相当小，兰迈公司其实也不指着这片葡萄园赚钱，因为也赚不多，不过可以凭着"世界上最古老的葡萄园接出来的葡萄酿的酒"打响兰迈的招牌从而大卖其他的酒！

葡萄藤的年龄很好辨认，跟普通树差不多，越细的就越年轻，越粗的就年纪越大，另一个特点是，年纪大的葡萄藤比较矮小，这和人一样，年龄大了就开始往回缩，老葡萄藤地面以上的部分比年轻的葡萄藤矮很多，不过根比较长，能达到地下30多米。所以这种葡萄园有一个好处就是不用浇水，一滴水都不用浇，因为根够长可以汲取地下水和其他养分。

带你逛逛澳大利亚酒庄的酒窖 🍴

澳大利亚不但是一个葡萄酒生产大国，同时也是一个葡萄酒庄旅游大国。澳大利亚的葡萄酒旅游业非常发达，一是因为澳大利亚本身是一个重视发展旅游业的国家，葡萄酒又是当地的一大特色，二是因为澳大利亚的葡萄酒产区都距离市中心不远，开车1小时左右就能到，有的甚至就在市里，所以当地人周末去产区游玩也是非常方便而时尚的休闲方式。

澳大利亚各种各样的酒窖门店

你爱奔富的什么 🍾━┥

有人说，喝葡萄酒只喝奔富Bin389，我还认识一个人，范围稍微广泛一点，只喝奔富的Bin407和Bin389!

首先介绍一下这个奔富酒庄，在中国其酒的造假程度（国内很多假酒）与拉菲相似。奔富是一个澳大利亚的知名酒庄，有很长的历史，葡萄园遍布南澳6个产区，但是依旧无法满足强大的市场需求，每年还需要向附近的葡萄园购买大量的葡萄用于酿酒。所以严格说来，虽然它名气很大，但其实它的酒并不是百分之百的酒庄酒。但即便如此，它的葡萄酒仍供不应求，甚至很多葡萄酒品牌在专卖店中争着要和奔富葡萄酒并列摆放在同一个架子上，从而让消费者产生这个品牌与奔富一样有名气的联想。不仅在国外，奔富酒在中国也极受青睐，特别是那些造假者、打擦边球者和走水货者，奔富一直都是他们手中不亚于拉菲的"王牌"。

奔富的Bin+数字系列，也成了奔富酒庄的一个标志性系列，在中国市场表现大好，很多葡萄酒公司都借用Bin的名称打起擦边球，但他们可能都不知道Bin是什么含义。"Bin"这个单词在英语当中最常用的意思是"垃圾桶"。澳大利亚多是独门独院的小别墅，每家每户都各自有一两个绿色的大垃圾桶，每周固定的一天拉到门外临街的地方，会有大垃圾车过来收垃圾。澳大利亚通常把那些大垃圾桶都叫作"Bin"，但是"Bin"本身也有地下酒窖的意思。在奔富酒庄的地下酒窖中，会有一些

奔富酒窖门店陈列

奔富Bin系列葡萄酒

相连，但是彼此隔开的石洞酒窖，庄主会把一些较为优质的葡萄酒分别放在这些酒窖中，每一个酒窖都有自己的编号，Bin指的就是这样的小酒窖，而后面的编号指的是酒窖的序号。比如在28号酒窖中存放的酒就叫作Bin28，在第707号酒窖中存放的酒就叫作Bin707，不过这些数字的大小和葡萄酒的质量是没有任何关系的。有些人经常会认为，数字越大的就越好，事实上并没有直接关系。

　　再来说说奔富酒在中国的价格，葡萄酒市场价在中国比较乱，以Bin389为例，价格从300多元到800多元都可以在市场上见到，我曾经在家乡见到过卖888元的；也曾经听朋友说有人给他专供Bin389，只要320元；更狠的是在澳大利亚的朋友告诉我奔富酒庄每年会有一些Bin389的原酒低价卖给酒商，这些酒商则换个酒标在市场上售卖，最高可以卖到1688元一瓶。不过价格的混乱并不是最可怕的，不怕花大价钱买瓶好酒，最多被人家说冤大头而已，怕的是花费不小却买了瓶假酒，奔富的假酒遍地开花，比拉菲还要难辨真假。

　　现在再回过头来看看那些只喝Bin389或者Bin407的人，其实真的没有多大意义，如果你喝的是级别，奔富还有707，还有RWT，还有葛兰许。如果你喝的是品牌，那么奔富还有很多其他系列的酒，比如寇蓝山、洛神；如果你喝的是价格，那么罗曼尼康帝更能显得你富有；如果你喝的是性价比，那么这世界还有其他千千万万个选择；如果你喝的是口感，既然你欣赏一款酒的口感，那么多尝试一些不也是件好事吗？

　　真正爱酒之人，懂酒之人，是不会把自己锁定给一

奔富其他系列葡萄酒

葛兰许葡萄酒

款酒的。世界上的葡萄酒有上百万种，只喝一款着实丧失了喝葡萄酒的乐趣。所以我在此也想奉劝一下声称只喝Bin407的人，请好好想一想究竟你爱着奔富的什么。

百花齐放，选你所爱

不是说"新世界"就酿造不出顶级的葡萄酒，"旧世界"就没有劣质的葡萄酒，就如同每一个国家都有犯罪分子一样，每一个生产葡萄酒的国家也都有品质低、性价比低的葡萄酒。葡萄酒就像花一样，最大的乐趣或许就是在这百花齐放的大花园中，寻找你最喜爱的那一朵，或许价格普通，但是价值最可贵的那一朵。

酒窖门店陈列

知名酒庄介绍

澳大利亚有许多知名的酒庄，我有幸走访了部分，下面详细为大家介绍这些酒庄及其历史，还有他们的葡萄酒。

家喻户晓——奔富酒庄（Penfolds）

奔富酒庄是澳大利亚葡萄酒业的贵族，被人们赞誉为澳大利亚最负盛名的葡萄酒品牌。在澳大利亚，这是一个无人不知的品牌，是品质的象征。奔富酒庄的创始人是一位来自英国的年轻医生——克里斯多佛·罗森·奔富。

一个半世纪以前，他远离自己的家园移民到澳大利亚这片土地，开始了他新的人生。在当年的历史背景下，就像其他医生一样，年轻的克里斯多佛·罗森·奔富也拥有着一个坚定的信念——研究葡萄酒的药用价值。在他离开英国前往澳大利亚之前，他得到了当时法国南部的部分葡萄藤并且把它带到了目

奔富葛兰许葡萄酒

的地——南澳的阿德莱得（Adelaide）。1845年，他和妻子玛丽在阿德莱得的市郊玛吉尔（Magill）种下了这些葡萄藤，延续了法国南部葡萄种植的传统，他们也在葡萄园的中心地带建造了小石屋，他们夫妇把这小石屋称为Grange，意思为农庄，这也是日后奔富酒庄最负盛名的葡萄酒Grange系列的由来，如今这个系列的葡萄酒在市场中已成为众多葡萄酒收藏家竞相收购的宠儿。他留下了始终如一的开拓精神和令人骄傲的历史遗产，以他名字命名的酒庄不仅仅是一个成功的代号，更讲述了整个澳大利亚葡萄酒发展史。

现代气息——禾富酒庄（Wolf Blass）

禾富酒庄坐落在南澳巴罗萨谷，在南澳多个产区都拥有自己的葡萄园。禾富酒庄的历史不长，这也使其散发出一股现代的气息，酒庄门外远远就可以看到禾富酒庄那雄鹰展翅的标志雕塑，进入品酒大厅，虽然面积不是很大，但是落地玻璃却给人一种豁然开朗的感觉。这个空间与其说是禾富酒庄的品酒室，倒不如说

是他的专卖店，除了葡萄酒外，还摆放着印刻着禾富酒庄商标的酒杯、木塞、开瓶器、衣帽、打火机，甚至还有乒乓球供游客购买，到访的游客可以一边免费地品尝美酒，一边悠闲地逛着这个专卖店。

澳大利亚的"张裕"——杰卡斯酒庄（Jacobs Creek）

阳光明媚的澳大利亚，气候适宜，土壤肥沃，是一个属于酿葡萄酒的浪漫天堂。其中巴罗沙山谷是澳大利亚最著名的葡萄栽培和酿酒地区。当地有众多各具特色的葡萄园，其中的杰卡斯酒庄是当地规模最大的葡萄园，也是澳大利亚的三大红酒品牌之一，每年都要接待超过20万的到访游客。穿越过一片碧翠清幽的葡萄架，便走进了酒庄的接待室，这里的品酒专家会热情地邀请每一位来宾，一起细品他们的特色美酒。

因为有非常优良的葡萄品种，同时也拥有相当出色的酿酒大师，杰卡斯酒庄的葡萄酒早已闻名世界。在这里之所以我会称呼它为中国的"张裕"，是因为他是最善于用广告攻势做市场的酒庄，这与其他澳大利亚的葡萄酒庄很不同。

杰卡斯酒庄葡萄园

欢聚之地——威拿酒庄（Wirra Wirra）

威拿酒庄位于南澳的麦克拉伦谷（McLaren Vale）产区，酒庄在产区内比较明显的地方，占地面积也较大，酒庄的品酒室给人一种古香古色的感觉，同时又很精致，一进去就可以让人感觉到酒庄主的精心布置。Wirra Wirra是一句澳大利亚土著人的话，意思是"欢聚之地"。威拿酒庄由罗伯特·斯特兰格斯·维格利先生创建于1894年，当时是该区仅有的几家酒庄之一，且很快就成了该区最有影响力的酒庄。

1969年威拿酒庄迈上一个新台阶，成为澳大利亚葡萄酒爱好者和酒业同行青睐的质优且价格合理的典范庄园。为了能酿出上佳的酒，他们把庄园分的非常细致。这样他们可以派专人去看管每个庄园的日常事务，由专人呵护葡萄每个阶段的生长。在收采时可根据每个庄园的微型气候看葡萄的成熟度，准确掌握收采时间。

第五节

美国——创造奇迹的酒乡

美国是一个不可小觑的葡萄酒生产大国，尤其是加利福尼亚州产区知名度能排在前几名，美国90%以上的葡萄酒都是在这酿造的。其中加利福尼亚州纳帕谷更是云集了很多顶级葡萄酒厂，酿造出受到世人追捧的葡萄酒，其受欢迎程度不亚于波尔多的列级酒庄（当然个人认为多多少少也要归功于加利福尼亚州不少酒庄都是法国人建的）。

美国葡萄园

姚明的选择

赵薇投资购买了法国的酒庄，姚明则在美国纳帕谷建立了自己的品牌。赵薇是因为非常喜爱葡萄酒，做了一件所有热爱葡萄酒的人都梦寐以求的事情，买下一座葡萄酒酒庄，做庄主，这是一种是投资，也是一种享受。而姚明是因为在美国时感受到了纳帕葡萄酒在国内未来的市场前景，与李宁一样，以自己的名字命名品牌，创建了自己品牌的葡萄酒。

姚明投资的葡萄酒，用自己的名字拼音"Yao Ming"命名，推出的第一款酒是纳帕谷2009年份的混酿葡萄酒（80%赤霞珠，9%美乐，8%品丽珠，3%小维铎），属于典型的波尔多左岸风格，在国内价格大概是378元，属于中端产品。

纳帕谷（Napa Valley）从属于加利福尼亚州产区，属于美国，如同梅多克（Medoc）从属于波尔多产区，属于法国；巴罗萨谷（Barossa Valley）从属于南澳产区，属于澳大利亚一样，都是一个产区中又细分出来的经典葡萄酒小产区，像这种全球著名的小产区并不多见，基本上也就是上面列出来的这些。纳帕谷是一块不可多得的种植酿酒葡萄的宝地，位于加利福尼亚州的旧金山市，是一个温暖多丘陵地带的产区，来得早且温和的春天、炎热干燥的夏天和寒冷的冬天给了这个产区完美的葡萄种植条件，所以这里不仅仅是姚明的选择，也是很多其他葡萄酒商的选择。如今很多国内富豪们都有购买收购纳帕谷酒庄的计划，我听说一家纳帕谷酒庄出售时，前后来了20几个询价的，都是中国人，这不得不令人震惊！

大败法国的葡萄酒 ▷━┥

　　这里用的是"大败"而没有用"打败"，不是因为打错字了，而是美国的葡萄酒的确曾经大败法国葡萄酒，这发生在大家一直津津乐道的1976年巴黎品酒会上。

　　1976年5月24日，英国酒商为了让法国葡萄酒商认识到美国葡萄酒给法国葡萄酒带来的危机，在巴黎举办了一场盲品会，评委都是法国人。盲品会的形式是将葡萄酒的酒标、酒瓶和其他一切可能暴露葡萄酒"身份"的外表都遮盖起来，评委只能通过眼前的一杯酒进行品评，杯中酒的任何其他信息都无法得知。而当这次比赛结果出炉时，大大出乎原本的预料，纳帕谷鹿跃酒厂（Stag's Leap Wine Cellars）的1973鹿跃酒庄赤霞珠（Stag's Leap Cellars Cabernet）的干红与蒙特雷纳酒庄（Chateau Montelena）的一款白葡萄酒双双击败波尔多与勃根地的知名酒庄，这让在葡萄酒界地位无人撼动的法国酒商大为震惊，同时也开启了"新世界"与"旧世界"的比拼时代。这也让"新世界"葡萄酒实实在在地扬眉吐气了一番，让世界各葡萄酒消费大国开始接受了"新世界"葡萄酒，当然，同时也让鹿跃酒庄和蒙特雷纳酒庄声名远扬。

　　不过，大家只是关注了第一名，没有关注第二名，事实上本次盲品会中红葡

萄酒除了第一名之外，第二、三、四、五名均是法国葡萄酒，五名后才是美国葡萄酒。所以，也不能说法国酒就是惨败。

如果你想更多的了解这场改变历史的品酒会，推荐你看一部叫《Bottle shock》（酒业风云）的电影，影片中详细地讲述了这场盲品会的整个过程。

不过事情还没有到此结束，法国人将比赛的结果归咎于法国葡萄酒需要陈年，且法国酒比美国酒更具有陈年的潜质，所以不能单凭一次品鉴的结果而定。于是在30年后，法国人要求将当年品评的葡萄酒重新进行评比，以得出最公平的结论，由于白葡萄酒已经过了最佳饮用期，所以这次评比只有红葡萄酒。但是戏剧性的一幕又一次上演。法国酒不但没有一雪前耻，反而更加溃败。这次评比的结果是，排名前五位的葡萄酒都来自于美国加利福尼亚州，到第六位才是法国的木桐酒。

与法国一起分享香槟

前文提到过，创造了巴黎品酒会奇迹的美国葡萄酒引来了很多酒商在美国投资，其中就包括一些法国香槟产区的酒庄。而且为此也创下了美国葡萄酒在葡萄酒界的另一个奇迹，成了全世界唯一可以不在香槟产区却可以在酒标上使用香槟字眼的国家。

虽然至今其他产区都不允许继续使用香槟（Champagne）这个名称，但是美国的个别酒庄却是例外，他们还可以在酒标上使用"Champagne"这个单词，以表示是用香槟法酿制而成。不过如果使用Champagne这个单词，则必须同时加上产区名称，比如加利福

尼亚香槟（California Champagne），这样可以避免消费者混淆美国的香槟与法国的香槟。

这里要说明下，出现这个局面并不是香槟产区种植者愿意的，只不过美国种植者一直不肯妥协，这里边有很多历史的原因，所以，也不是说香槟产区允许美国种植者这么做，只是没办法，但即便这样，法国香槟产区的香槟协会也一直死死盯着美国种植者，但凡出现应该是写明加利福尼亚香槟，却没有加上的，就会毫不犹豫地发一封律师函过去提醒其把加利福尼亚（California）这个单词加上去。

拉菲之后——膜拜酒 ▶━┥

说到了美国，就不能不说说美国的膜拜酒（Cult Wine）。如果说巴黎品酒会美国酒战胜了法国酒，使用香槟名称是分享了法国酒，那么"膜拜酒"是不是能代替法国酒呢？

膜拜酒指的是在美国加利福尼亚州（澳大利亚、西班牙和意大利也有少数）的一些产量极少、价格极高被人顶礼膜拜的葡萄酒，目前大部分的膜拜酒都在美国加利福尼亚州产区。这种葡萄酒每年只生产几百箱，比正牌拉菲的2.5万箱要少得多。这些葡萄酒庄通常由特别的历史故事、对葡萄酒充满热情并追求完美的庄主、精挑细选的葡萄园、应用仿波尔多或勃艮第风格酿造和不断提高的价格组成。相比起法国拉菲、拉图等列级酒庄，这些膜拜酒就显得更加的可遇而不可求，所以才被如此冠名，以显示出他们在市场中不同寻常的地位。

虽然到目前为止，在国内还没有开始对膜拜酒的追捧形成气候，但是其极少的产量，依旧造成了市场上一瓶难求的局面。葡萄酒的价格更是飞快增长，当物以稀为贵时，人们也以拥有这个稀为荣，就如同现在的拉菲。我想当拉菲的繁华过去，人们更加懂得欣赏葡萄酒的时候，也许会开始一段对于膜拜酒的追捧时期，或许在不久的将来，市场上就会出现各种各样山寨的膜拜酒，或许再过不久膜拜酒制造者也要开始研究使用一系列防伪标志了。

美国加利福尼亚州最有名的膜拜酒庄有：鸣鹰酒庄（Screaming Eagle）、贺兰酒庄（Harlan Estate）。鸣鹰酒庄的名字来自于美国第101空降师的代号，这支军队曾经是著名的诺曼底登陆的主力军，酒庄只有30公顷葡萄园，使用波尔多葡萄酒的品种种植、酿造，使用法国的橡木桶进行陈年。酿造出来的葡萄酒需要15到20年的陈年才到适饮期，1992年鸣鹰酒庄才酿造出第一个年份的葡萄酒，前两年刚到适饮期，现在还是在适饮期的范围内。此酒刚

出来的时候，罗伯特·帕克对其评价极高，几乎每一个年份都是接近或直接是满分（只有1998年除外）。如果仔细对比分数，会发现同样是他给的分数，鸣鹰酒庄的分数要比波尔多那些列级酒庄的分数高也稳定许多。再加之巴黎品酒会的轰动，造就了其价格不断上涨，一瓶难求，被顶礼膜拜的局面。

　　贺兰酒庄就坐落在离鸣鹰酒庄不远的地方，虽然葡萄园面积要比鸣鹰酒庄小得多，但实力也是可以与鸣鹰酒庄抗衡的另一个膜拜酒酒庄，虽然葡萄酒个别年份的分数低于鸣鹰酒庄，但它有三个年份的葡萄酒被罗伯特·帕克评为满分（鸣鹰酒则只有1997年为满分），所以实力同样不可小觑。

知名酒庄介绍

　　下面介绍一些美国的知名酒庄，大家可以作为知识了解一下。

美国葡萄酒之父罗伯特·蒙大维酒庄（Robert Mondavi Winery）

　　在提高加利福尼亚葡萄酒质量乃至形象方面，可能没有谁做得比罗伯特·蒙大维更多了。罗伯特的父亲加洛斯是来自意大利东部马尔刻的移民。他在加利福尼亚种植葡萄，运回意大利给家乡的酿酒师。禁令[注]解除后，蒙大维一家离开了气候炎热的中央谷（Centralvalley），来到了气候寒凉得多的纳帕谷（Napavalley）搬迁后，摆脱了当时非常流行的大量生产强化甜酒的方向，转而经营有潜力酿造优质葡萄酒的葡萄园，这一改变后来证明对公司的发展起到了决定性作用。

注：美国1920年颁布了禁酒令，全国禁止销售和饮用酒精类饮品，一直到1933年才解除。

大败法国的鹿跃酒庄（Stag's Leap Wine Cellars）

鹿跃酒庄是纳帕谷最著名的酒庄之一，在1976年的巴黎品评会中战胜法国名庄的红酒就产自这里。这里产的葡萄酒被誉为是世界上品质最高的赤霞珠葡萄酒。鹿跃酒庄一直被视为纳帕谷的第一批酒庄，其创始者是瓦伦·维纳斯基（Warren Winiarski）和他的家族。瓦伦·维纳斯基一直有一个梦想，要酿出有个性且经典的葡萄酒，他始终在寻找一座能够实现自己这个梦想的酒庄。经过几年的苦心搜寻，终于在1970年物色到了一块原本种植李子的果园，并开始在此栽种赤霞珠葡萄，他给这块果园起了一个后来震惊世界的名字——鹿跃酒庄。他坚信自己的选择，这块充满希望的葡萄园，加上适宜的土壤与气候，一定能够创造出与欧洲酒庄相媲美的不朽之作。事实证明，瓦伦·维纳斯基的选择是完全正确的。在1976年的巴黎品评会上，鹿跃酒庄的酒一举战胜了法国的顶级葡萄酒，成了葡萄酒界的一个"神话"。这瓶非凡的1973年鹿跃酒庄赤霞珠葡萄酒（Stage's Leap Wine Cellars' 1973 S.L.V）现在被美国史密森国家自然历史博物馆收藏，真的成了一瓶不朽的葡萄酒。

强强联合的第一作品酒庄（Opus One）

第一作品酒庄是罗伯特·蒙大维（Robert Mondavi）家族与拥有法国五大顶

级酒庄之一 ——木桐酒庄（Chateau Mouton Rothschild）的利普·罗斯柴尔德（Philippe de Rothschild）男爵合资兴建的，是美国为数不多的与法国顶级酒庄合资专事酿造顶级红酒的酒庄。如果说在加利福尼亚州，酒庄如星星般地撒在葡萄产区。到了纳帕谷，可以说就是繁星密布了，而第一作品酒庄是星空中最亮的那一颗。人们知道第一作品酒庄不仅仅是因为名气大，还因为它是真正将酿酒与各种艺术结合的结晶。酒庄的一园一树、建筑风格、修饰艺术，当然还有最主要的葡萄酒都体现出庄主家族那种追求优雅完美的境界。对于热爱葡萄酒和艺术的人们来说，游览第一作品酒庄不仅仅是参观酒庄品酒，更是一种真正的艺术享受。

奥巴马选择的肯德·杰克逊酒庄（Kendall Jackson）

肯德·杰克逊酒庄位于美国加利福尼亚州的索诺玛县，酒庄的创始人肯德·杰克逊（Jess Jackson）最初是因为喜欢葡萄酒而购买了一片葡萄园，这片葡萄园便是现在酒庄的前身，但是当时只是为其他酒庄供应葡萄并没有酿制自己的酒，真正开始酿酒始于1982年，并建成了肯德·杰克逊酒庄，当时第一款酿造的酒是精选莎

肯德·杰克逊（Kendall Jackson）酒庄

当妮，这也是奥巴马当选时庆功用的葡萄酒。肯德·杰克逊恪守自己的信条：酿造产自加利福尼亚州最好葡萄园的上等佳酿。

肯德·杰克逊酒庄对细节的关注体现于酿酒过程中的每一个步骤。他们只选用产自旗下葡萄园的优质葡萄，而这些葡萄园均位于加利福尼亚州海岸附近一流的培育区内，以此来酿造口味丰富风格独特的葡萄酒。他们在还法国投资建厂，以确保用于酿酒的橡木桶品质优秀且质量稳定。肯德·杰克逊酒庄目前是全美最成功的家族式酒庄之一。

我们讲究、研究、推广葡萄酒文化，其实不过是希望推广葡萄酒所代表的一种生活方式，一种时尚生活、高雅生活，以及品味生活、健康生活、享受生活的方式，哪怕是"装"出来的："装"得矜持些，不以干杯为潮流；"装"得有品位些，懂得葡萄酒与菜的搭配；"装"得关心自己些，懂得少喝酒、喝好酒，让酒滋润生活，而不是麻痹自己。

第四章

葡萄酒文化

第一节
中外葡萄酒文化

　　"文化"的定义是什么，估计谁一下子也说不清楚，更不要说"葡萄酒文化"了，但是我们经常会戏说中国的酒文化就是"干杯"。可见，文化是一种社会现象，是人们一种长期的生活、行为方式。大家都"干杯"，各种场合都"干杯"，不管因为什么事都"干杯"，只要一喝就"干杯"，时间长了就成了一种中国特有的酒文化了。

　　葡萄酒的历史、风土、酿造传统、法律法规、价值、品鉴，还有它所代表的生活方式、生活品质等都应该是葡萄酒文化的一部分。与"干杯"不一样，它是独善其身的"品味"。在我的理解中，酒在各个国家都是文化的一部分，所以一个国家的文化也会反映在它的酒中。中国人讲"人情"，我们除了讲究爱情之外，还讲亲情、友情，有"姐妹淘"形容姐妹情，有"哥们儿义气"形容兄弟情。所以中国人喜欢热闹，习惯人群一哄而上，故而会有激情，会有热情的干杯。而在西方国家，可能更讲究的是自我，他们不是那么在意别人的看法，吃饭时也是分餐，一人一个盘子自己吃自己的。所以，他们不会出现那种一哄而上、为哥们儿义气干杯的场面，而是用葡萄酒配着饭一口一口地吃，一口一口地喝。

　　我们讲究、研究、推广葡萄酒文化，其实不过是希望推广葡萄酒所代表的一种生活方式，一种时尚生活、高雅生活，以及品味生活、健康生活、享受生活的方式，哪怕是

"装"出来的:"装"得矜持些,不以干杯为潮流;"装"得有品位些,懂得葡萄酒与菜的搭配;"装"得关心自己些,懂得少喝酒、喝好酒,让酒滋润生活,而不是麻痹自己。

这不是崇洋媚外,我很反感每当赞扬国外一些好东西、好现象时就有人上纲上线地说你崇洋媚外。优点为什么不可以学习推广?何况正如第一章所说的,葡萄酒在中国的历史并不短于法国,虽然近些年来它是以舶来品的身份进入人们视野的,但中国并不是没有自己的葡萄酒,中国有自己的葡萄产地,有自己的葡萄品种、自己的酒庄和国际知名的葡萄酒品牌。葡萄酒绝非"洋"物,充其量算是披着一身"洋"皮而已。

当葡萄酒融入我们的生活中时,它可以无处不在。吃饭的时候要配酒,这是葡萄酒最本质的使命,让酒与菜的味道搭配、融合,提升菜肴的味道,降解肉类的油腻;与朋友小聚的时候可以喝杯红酒,慢慢品尝,在微醺的状态下慢慢细说家常;一个人发呆、写作、绘画的时候可以喝酒,一点点醉意让思绪可以更加随心所欲。在工作上,约见客户时可以喝杯红酒,既表现出热情,又不至于喝得不清醒而误事。商务宴请的时候可以喝红酒,能提高宴会的品位,烘托高雅的气氛。庆功宴上、婚礼上同样不能少了起泡酒,不然则体现不出喜悦的氛围。在感情上,葡萄酒更是上上之选,在电视里我们看到的关乎情感的时刻,都有一杯红酒相伴左右。情侣之间可以喝红酒,那正是爱情的颜色。送礼也可以送瓶葡萄酒,既显出档次和品位,又体现出健康的生活方式。

葡萄酒文化不是要去死学土地结构对于葡萄藤有什么作用之类的理论,而是要将葡萄酒文化运用到我们的生活中去,让生活因此而变得更健康、更愉悦、更享受。我们会因为葡萄酒了解更多的知识,体验更好的生活,结识更多的朋友。我们会迷恋葡萄酒带给我们的各种不同感受。我们会明白,所有学出来的文化都那么死板,真正的文化是我们活出来的。

第二节
侍酒文化

　　说到葡萄酒，不能不说的职业就是侍酒师，国际通用的英文名称是"Sommelier"，从字面上来看，指的是在餐厅为客户服务酒水的师傅。

　　侍酒师听起来好像很简单，与普通的餐厅服务员没太大差别，不过是一个服务餐品，一个服务酒而已。然而我个人认为，侍酒师是在葡萄酒相关职业中最神圣的一个，是知识面最广泛且最难从事的一个职业（虽然我知道很多人可能不同意我这个观点）。

　　酿酒师很难，他不仅需要懂得酿酒的技术，还要成为葡萄园的好朋友，熟悉葡萄每一天甚至是每个小时的状态，能精准把握采摘葡萄的最佳期限，还要懂得品酒，懂得市场，知道消费者喜欢的口感。

　　品酒师很难，他要熟知世界各个葡萄酒产区的气候、地形、土质、葡萄品种、葡萄酒的风格，了解所有知名酒庄的各个酒款。他除了要了解它们的口感，同时要熟悉各种各样的味道、香气，并且可以精准地对手中的葡萄酒做出最客观的描述和评价。

　　培训师很难，他要熟知各个葡萄酒产区的特征、葡萄酒口感，懂得如何品酒，更要懂得如何做好培训，如何了解听众感兴趣的点，还需要非常及时地跟着市场的

情况更新自己的授课内容，因为他是培训师，他有责任在第一时间了解市场的变化，然后传授给他人。

投资者很难，他要熟悉各个列级酒庄的情况，各种文字的标识，各个国家的高端葡萄酒、酒庄的情况，了解葡萄酒投资市场的走势，了解各个重要产区的重要年份，每一年的气候状况，消费者的喜好，大型并购情况，列级酒庄级别提升或者下降的情况等，尤其还要去了解罗伯特·帕克给出的分数，甚至是他的喜怒哀乐。

酒窖店长很难，他除了要懂得葡萄酒相关知识，还要懂得酒窖管理、员工排班和服务客户的技巧。

但是他们都没有侍酒师难。作为一名合格的侍酒师，上述所有职位需要了解的内容他都要了解。此外，由于侍酒师主要的任务之一为餐与酒的搭配和选择，所以除了葡萄酒之外，他还要对各种餐点的风格、味道、烹饪的方法非常熟悉，只有这样才能够为每道菜搭配最完美的葡萄酒。另外，侍酒师还要懂得根据餐厅的情况和菜式进行酒款的挑选和酒单的设计。最后，也是最重要的一点，侍酒师服务的是人，这是一种面对面的高端服务，它要求侍酒师懂得察言观色，了解消费者的喜恶，还要懂得与人沟通的技巧。

葡萄酒收藏公司

　　懂得了以上这些知识，可以说就成为葡萄酒方面的全能专家了。我曾在网上看到，有人戏说侍酒师就是你身边的移动式葡萄酒搜索引擎。所以侍酒师并不是那么容易当的，看过《神之水滴》或其他一些关于葡萄酒电影的人就会知道，餐厅侍酒师对于葡萄酒与菜肴搭配的掌握能力，甚至可以左右一家餐厅的命运。

　　侍酒师这个职业并不是近些年才开始有的，早在古希腊时期就有专门挑选葡萄酒的人，在意大利文艺复兴时期的宫廷中也有专职的选酒和侍酒人员。19世纪以来，侍酒师行业得到更多的认知和认可，发展至今，更加受到业内人士的重视和尊重。如何成为侍酒师变成了一门学问，更是需要经过众多考核才可以得到的资质。

侍酒师和品酒师的区别 ▸━━┥

　　侍酒师和品酒师是两种完全不同的职业。最大的不同莫过于侍酒师要寻找葡萄酒的特点，才可以知道它适合与什么样的食物相配，而品酒师要寻找的是葡萄酒的缺点，才可以知道要给它去掉多少分。另一个很大的不同是，侍酒师服务的客户中有很多是陌生人，是一对一、面对面的即时性服务；而品酒师更多的是服务于商家，给酒打分，指导商家选酒，指导消费者购买酒，这种服务不是面对面的，也不是即时性的。所以作为一个侍酒师，他可能不清楚如何给一款酒打分，但是对于葡萄酒的口感、特征的了解完全不亚于一个品酒师。除了需要了解葡萄酒之外，侍酒师还要将很大一部分时间、精力花费在餐品和搭配上。"侍酒"这个动作，只不过是侍酒师众多"幕后"工作的一个成果展现。

　　侍酒师与品酒师的工作地点也完全不同。一家高档西餐厅可以没有品酒师，但必须要有侍酒师；一家高端葡萄酒代理公司可以没有侍酒师，但是一定会有品酒师。高档餐厅不需要对葡萄酒品质吹毛求疵的品酒师，那里不是在区分不同性价比的酒，而是追求如何让酒更好地衬托出餐品的特色，更好地搭配菜肴，更好地服务于就餐者。而葡萄酒代理公司则不需要总在想办法让酒得以完美体现的侍酒师，更多的是希望有一个舌头敏感的品酒师，告诉它哪款酒好，哪款酒不好，该买哪款，不要买哪款。事实上，在品酒师嘴里非常糟糕的一款酒，很有可能在侍酒师那里却能给它找到非常合适的餐品，而这种恰到好处的搭配，完全可以让酒的口感得以提升。

我们为什么需要侍酒师

我猜看到这里，你一定会说："真的有这么神的职业吗？怎么我去餐厅吃饭的时候从来都没有见过？从来没有遇到过有人为我侍酒？既然很少会遇到这样的服务，那我们为什么需要侍酒师？既然侍酒师需要这么高的要求，那么是不是不设立这个职位就好了。"

没有人是全能的，你不可能知道所有事情。就餐时你可以不喝酒，但是如果你喝了却搭配错了餐食，那还不如不喝。白酒本身就是粮食酿造的，过于浓烈的味道掩盖住菜的味道，以至于让人到最后只是喝酒，而往往忘记了吃菜。

这就是需要侍酒师的原因。我们没有见到过侍酒师，没有接受过侍酒师的服务，是因为在中国目前侍酒师行业才刚刚起步，还处于比较落后的阶段，中国有资质的侍酒师并不多。不过值得骄傲和可喜的是，中国目前已经有了一名侍酒师大师，就是吕杨老师，但这个职业在国内并没有太多的岗位需求，所以也导致了学习并成为侍酒师的人不多。而且，并不是每一位侍酒师都在从事这份工作，正如前文所说的，侍酒师是葡萄酒的全能专家，拥有这样水平的人在国内并不多见，在葡萄酒人才稀缺的中国，这样全能的人才或是被提拔作为管理层，或是被挖到大的培训机构，或是进到某个杂志媒体做主编都是有可能的。

另外，侍酒师虽然是在餐厅服务于消费者，但是他们的工资可是和那些餐厅服务员不一样的。高级的侍酒师年薪最高可在100万以上，最低级别的也不会低于10万，这就意味着在中国不是每一个餐厅都请得起侍酒师。请得起侍酒师的餐厅，必定是针对高端消费群体的场所。

现在国内更多见的是那些叫作"酒水促销员"的人。与真正侍酒师相同的是他们也在餐厅工作，也会给你介绍他推荐的酒，也会为你提供适当的酒水服务。但这与侍酒师本质上是完全不一样的。酒水促销员一般是为某一个品牌或者某一家公司的酒做促销，他们很多甚至不是这个餐厅的人，而是酒品公司的人。最常见的莫过于在露天大排档上那些穿着各种超短裙的啤酒小妹，其实她们就是酒水促销员的一种。而进入高档饭店以后，酒水促销员就化身为服务员，在客人需要

酒时不失时机地为客人推荐他们公司的酒，从而拿到提成。他们不了解很全面的专业知识，也不会为你推荐更合适的酒，更不会考虑到酒是否与你的菜品搭配，他们工作的内容只是努力地卖出更多的酒，赚取更多的提成。

侍酒师则完全不一样，一方面侍酒师要对餐厅负责，进行葡萄酒酒窖管理、酒单管理、餐酒搭配管理、员工培训等工作，一方面要对客户负责，为客户选择出最适合他们今日用餐饮用的葡萄酒。

当葡萄酒文化得以普及，当人们真正体验过餐酒搭配的必要和美妙时，侍酒师这个职业才会真正的在生活中出现。现实中很多大型代理商的酒水促销员是有足够条件慢慢转变为侍酒师的。大型代理公司酒款众多，选择性也更多，更容易选择出适合某家餐厅的酒，完全可以在客人需要喝酒时给出专业的、符合当日餐品搭配的酒款。他们不需要去考取什么资质，也不需要过多了解葡萄酒方方面面的内容，只需要所在公司多进行一些常识性的培训和餐酒搭配的基础培训，便可以为大众提供适当的葡萄酒服务。

　　回忆起几次在老家饭店吃饭的情景，第一次的时候服务员在红葡萄酒中加冰加柠檬，第二次服务员用冰桶冰镇红葡萄酒，并告知我这是他们培训的时候讲的，上次回家则是遇到将葡萄酒杯倒的满满的服务员。每每遇到这样的服务，我都不得不感慨我们需要侍酒师！至少我们需要服务员了解最基本的侍酒服务！不然不仅仅对不起客户，也对不起葡萄酒！

侍酒师的工作 ▶━┥

```
专业侍酒师的工作内容

1. 了解餐厅各菜肴的口感、烹饪方式和酱料。
2. 配合厨师长挑选出为餐品搭配的葡萄酒。
3. 与不同经销商、代理商沟通、品尝不同的酒款、为餐厅挑选新酒。
4. 设计、监督制作餐厅酒单。
5. 每周对酒单进行修订、确保库存和年份的正确性。
6. 管理餐厅酒窖，包括储存、盘点、摆放顺序等。进行酒标、封瓶检查。
7. 为客人推荐合适的葡萄酒。
8. 为客人提供专业标准的侍酒服务。
9. 培训餐厅其他员工。
```

您接受过专业的侍酒服务吗

　　其实只要去过饭店吃饭，点过酒的人，都是接受过酒水服务的。我们看酒单、听服务员推荐，服务员开酒、倒酒，这些都是酒水服务的一部分，而且不仅限于葡萄酒。但是葡萄酒服务要比啤酒、白酒更细致一些，因为葡萄酒本身就要比啤酒和白酒更加娇气。专业的侍酒流程是什么样的呢？

　　第一步，展示酒单。大部分酒店的酒品都在菜单的最后几页，也有很多高档餐厅会另外有一份专门的酒单。展示酒单之前如果不知道哪位客人点酒可以询问一下。通常点酒的会是请客的人、主宾位或是指定的某位客人。

　　第二步，根据客户需求推荐酒款。非常常见的状况就是用餐者会问服务员有什么好酒推荐。通常点酒都是在餐点好了之后，所以如果推荐葡萄酒，侍酒师可以通过客户点餐的内容和价格给客户推荐符合当晚配餐和客户消费能力的葡萄酒。

第三步，向客人展示酒瓶，让客人确认。通常情况，客人点好酒之后侍酒师需要把客人选好的葡萄酒拿到点酒的人面前，让他确认点的是否是这支酒，是否是他需要的那个年份，是否对葡萄酒酒标、

酒瓶和封口处的保存状态满意。

第四步，开酒。侍酒师要在客人面前开酒，好的侍酒师是可以空中开酒的，这需要很熟练的技巧和很大的手力腕力，没有经过训练的人是很难做到的。开酒时一定要小心，起泡酒尤其不可以向着客人开，因为起泡酒瓶塞开启的一瞬间气压的冲力极大，会对人造成很严重的伤害。另外就是要小心不要让软木塞断在酒瓶内，如果由于年份太久或者湿度不够的原因软木塞断在瓶内，要即时采取措施将木塞取出。

第五步，确认酒没有问题。侍酒师通常会佩有一个小银盘，用来在开酒之后尝一下葡萄酒的状况。侍酒师有责任替客户确认葡萄酒的状态，在确认葡萄酒没有质量问题、没有氧化、没有被软木塞污染、没有因为温度影响到酒的口感之后，才可以将完美状态的酒呈现给客人喝。

第六步，给主人或点酒人品尝，再次确认。当侍酒师确认酒没有问题之后，要给主人或者点酒的客人再次品尝，让客人确认酒的口感没有问题，他可以接受之后再进行接下来的侍酒步骤。

第七步，醒酒。并不是所有的酒都需要用醒酒器醒酒，但是很多时候我们都会看到服务员将酒倒入醒酒器，一种情况是因为真的需要，另外一种情况是因为看着专业高雅。专业的侍酒师会根据酒的情况判断出酒是否需要经过醒酒器，如果需要，侍酒师会首先确认瓶底有没有沉淀，然后将葡萄酒缓缓倒入醒酒器中进行醒酒。

　　第八步，按照合理顺序为客人倒酒。倒酒的顺序一般从最重要的客人或者离主人最近的宾客开始，顺时针倒酒，女士优先。

　　在普通餐厅里一般至少也会为我们提供上面第一、第二、第四、第八这四个服务的，再好一点的地方可以提供到第一、第二、第三、第四、第七、第八这几个步骤，这与更加专业的餐厅相比较，就差在了第五步和第六步上。我们现在可能很少会遇到需要第五步和第六步的时候，因为这两步是即要求侍酒者非常专业、非常懂酒，又要求点酒者也很懂酒。所以在葡萄酒文化还没有那么普及的中国，一般较少有机会接触到这两步服务，然而这也正是专业与非专业之间的本质区别。侍酒师确认酒的完好程度其实是侍酒过程中非常重要的一步，因为酒的口感状态单靠看酒瓶与酒标是看不出来的，必须要经过品鉴之后才可以知道这款酒的状态，包括温度是否在最佳。

第三节

美酒美食文化

中国有着博大精深的饮食文化，并且按照地域特色划分为八大菜系，中国的饮食文化让那些"老外"们赞不绝口，以至于只要是有中国人的地方就有唐人街。少了中国餐馆，"老外"们都会觉得少了不少乐趣。中央电视台播放的纪录片《舌尖上的中国》更是把中国的饮食文化推向了巅峰，不光外国人为之惊奇，连很多中国人都感到惊艳。中国也有着自己多年流传下来的"酒文化"，中国的白酒被称之为"国酒"，在中国始终有着不可替代的地位。但是我们很少会考虑到"饮食文化"并不是"饮"是饮的文化，"食"归食的文化，"饮

美酒美食搭配

食"本是一体的，是相互搭配着的。美食与美酒合理的搭配，能提升酒的口感，更完善了食物的味道，让两者融合得到1+1>2的结果，这才是在饮食文化中我们应该去体会的。

没有葡萄酒的一餐是不完整的

聊葡萄酒，就不得不聊美食。他们就像是一对儿双胞胎。有人说不对，双胞胎可是长得很像的，酒与食物从状态上来说都不一样，这个形容也相差太多了吧。相信很多人都接触过双胞胎，很多双胞胎虽然长相相同，但是性格则是完全相反的，或者说是互补的。哥哥开朗，弟弟就有可能内向；姐姐时尚，妹妹就有可能朴素。葡萄酒与美食也是如此，说他们双胞胎并不是因为"像"，而是因为"互补"。葡萄酒，就是为了配餐而生的，葡萄酒也是最佳的佐餐酒。

　　法国大文豪大仲马曾经说过："葡萄酒是宴会上的智慧部分。"后来也被人诗情画意地解说为"没有葡萄酒的宴会，就像拥抱时没有接吻。"在西方国家，没有葡萄酒的一餐是不完整的，用中国话形容就是画龙而没点睛。

　　在国外，一个普通的家庭吃晚餐的时候也要拿出一瓶酒来，买菜和买酒都是每周的例行公事。我去过的美国和澳大利亚都有专门的酒超市，虽然里面也有啤酒等其他品类，但是绝大部分还是葡萄酒，人们买酒与买菜一样推着购物车进去，采购一圈之后推到柜台结账。在澳大利亚，超市是不可以卖酒的，因为含有酒精的饮品只有年满18周岁以上才可以购买，所以有专门的葡萄酒专卖店和酒类超市，结账的时候购买者要出具自己的驾照或者有生日的证件才可以购买，这是他们日常生活中的一部分。到了餐厅他们同样会点酒，一般亚洲人可能会要啤酒，但是当地人佐餐的酒必定是葡萄酒。之前在一家五星级的意大利餐厅用餐，餐厅里除了我们这一桌之外其他四桌都是外国人，且无一例外用餐时都点了葡萄酒。

国外酒庄提供的配酒小食

为什么要用葡萄酒配餐 🍷——🔑

为什么葡萄酒在一餐中有着如"拥抱时的吻"这样重要的作用呢？

第一，正如前文中提到过的葡萄藤的根常年汲取地下的各种养分，所以葡萄中含有各种人体需要的碳水化合物、酸类和有机物质，适量饮用本身对人体是非常有好处的。

第二，中国的主食以米饭和面食为主，很容易产生饱腹感，白葡萄酒有良好的酸度，在餐前喝可以起到开胃的作用。

第三，中国很多菜会用到各种酱料，而这样的食物会在口中产生油腻感，红葡萄酒中有单宁，可以中和掉这种油腻感。

第四，也是很重要的一点，葡萄酒的酒精度数在11到14.5度，属于中等酒精度，不会太清淡以至于只有爽口而没有味道，也不会太过浓烈而压住菜的香气。葡萄酒的酒精度数与它的香气、口感正好可以与食物起到相辅相成的作用。好的搭配不仅可以掩饰葡萄酒的瑕疵，提升葡萄酒的味道，更可以掩盖食物的不足，

餐酒搭配

从而提升食物的味道。这也就是餐酒搭配中经常会被人提到的1+1>2的搭配原则，当葡萄酒与餐品完美搭配时，葡萄酒和食物都可以在你的嘴里展现出更好的味道。

最后还有一点，对于葡萄酒爱好者来说也是非常重要的，就是用葡萄酒配餐可以增加用餐时的乐趣，你会想要去尝试每一道菜，尝试它与今晚这款葡萄酒搭配时的感觉，无论合适也好，不合适也好，如果口感很好时你会为之欣喜，当感受到不合适时你会深刻体会到搭配错误的后果。葡萄酒配菜并不是专业人士、专家才能做的事情，更不是只有他们才能感觉得到的事情，我们每一个人都可以真真切切感受到口中味道的变化。我想，这种尝试与发现的乐趣甚至可以使葡萄酒配餐达到1+1>3的效果。

葡萄酒配餐基本原则 ▶━┥

葡萄酒配餐，首先要明确一个大的方向，究竟是葡萄酒配餐，还是餐配葡萄酒。当一场酒会、一个晚宴上葡萄酒是主角的时候，那么肯定是要餐品配合葡萄酒的口感，一切都要考虑到葡萄酒的"感受"，不可以让餐品的味道破坏了葡萄酒原有的风格。这时葡萄酒是确定的，当搭配不合适时就要换掉餐品，考虑其他可以与之搭配的菜肴。

通常，人们大都在点餐之后才定酒（事实上，多半的情况是酒就那么一款没得选，有什么也就喝什么了），这时要根据餐品来点葡萄酒，也就是说菜是主角，酒是配角。这时要注意选择的酒不可以破坏了菜肴本身的风味，也要明白并不是说用越贵的酒配菜越好，在配菜这个问题上我们可以完全忽略葡萄酒的价格。

> **小贴士**
>
> **葡萄酒配餐的基本原则**
> - 清爽型白葡萄酒，适合搭配清淡菜肴、冷菜沙拉、少酱料的海鲜等。
> - 芳香型白葡萄酒，适合搭配有一些香料的白肉，或者红肉海鲜，如三文鱼。
> - 橡木型白葡萄酒，适合搭配有烧烤味道的白肉，或者奶油味道的海鲜。
> - 单宁轻果味重的红葡萄酒，可以配一些有酱油的炒菜，或者较为入味的炖菜。
> - 单宁重的红葡萄酒，不适合配辛辣的、甜的食品，适合搭配油腻的肉类。
> - 甜酒，适合搭配餐后甜点。

清爽型白葡萄酒

清爽型白葡萄酒非常常见，一般价格较低的，采用中性葡萄品种（比如霞多丽，灰比诺）酿造的，都属于清爽型白葡萄酒。清爽型白葡萄酒的特点是颜色较淡、香气以果香为主、口感上酸度较高、酒体较轻并且不会出现橡木味道和其他复杂的味道。

清爽型的白葡萄酒可以与起泡酒一样作为餐前酒、开胃酒或是头盘酒，一般会是用餐时的第一道酒，可以用它搭配餐前的冷盘、沙拉、和头盘菜（一般头盘菜会是一些近原味的海鲜）。

很多人都知道的一句话是"白酒配白肉、红酒配红肉"，但事实上这句话用在西餐上会比用在中餐上更适合，所以在吃中餐时，我们配酒上一定要小心这句话。西餐讲究的是"原味"，他们连牛排都不喜欢吃熟的，我在澳大利亚看见过一个牛排饭店，打出的广告是"澳大利亚最生的牛排"，而这样的牛排在中国恐怕是少有人问津的，因为中国讲究的是入味，煎、炸、炖、炒、焖几乎都是入味的烹饪方法，所以中国餐品用到的酱料会完全左右菜品本身的味道。比如鱼是白肉，但是红烧鱼、西湖醋鱼恐怕就不能完全按照白肉来看待了。清爽型白葡萄酒

甜葡萄酒搭配甜品

可以很好地搭配清蒸鱼，但是却搞不定红烧鱼，因为浓重的酱料味道会覆盖了酒的味道，让酒寡然无味。

芳香型白葡萄酒

我一直认为，芳香型白葡萄酒相比其他白葡萄酒会更受到中国人的喜欢，因为它们那美妙的香气，像是各种热带水果和在夏日盛开花朵的香气，一般维欧尼、琼瑶浆和慕斯卡托这些较为常见的品种酿造出来的酒都是芳香型的，另外来自较冷产区的长相思和霞多丽，还有来自温暖产区且没有经过橡木桶的白葡萄酒也可以归为芳香型的白葡萄酒。

但是芳香型的白葡萄酒在国内没有清爽型白葡萄酒那么流行，一方面是因为芳香型的白葡萄酒在国内比较少见，另一方面也是因为酿酒的葡萄品种多不是流行的葡萄品种，由于葡萄质量的原因，价格也略贵于清爽型葡萄品种，所以一般情况下人们很少会有机会去亲密接触芳香型葡萄酒。但一旦接触过我想你会马上对芳香型白葡萄酒爱不释手。

对于配餐来说，芳香型白葡萄酒也非常适合中国的一些菜式，比如说一些比较入味的、加了香料的海鲜，或者羔羊肉、小牛肉、入味一些的鸡鸭肉这样的菜式都可以很好地与之搭配。

橡木风味的白葡萄酒

白葡萄酒一般给人清爽、高酸又有些微甜的印象，虽然白葡萄酒其实很多是干白并不是甜酒，但并不是所有白葡萄酒都是这种清爽类型的，也并不是只有红葡萄酒才会经过橡木桶陈年，有些白葡萄酒也会经过橡木桶陈年并会具备橡木的风味，只不过这样的白葡萄酒必定是酒体饱满、香气浓郁的。经过陈年的白葡萄酒接受了橡木桶给予的烟熏、烤面包和奶油的风味，也会产生一定的单宁，却又不会丧失了原本的果香。

这种橡木风味的白葡萄酒，虽然是白葡萄酒，但是因为经过了橡木桶的陈年，再加上本身的浓郁风格，不再适合按照"白酒配白肉"的风格去搭配食物了，尤其要注意如海鲜、清蒸这类比较清淡的菜式。可以选择一些具有烟熏味道的白肉，或者用奶油作为佐料的白肉来搭配这种白葡萄酒，这样在口感上会更加相得益彰。

轻酒体轻单宁红葡萄酒

红葡萄酒一般会经过橡木桶的陈年，但时间上会有所不同，根据葡萄的品种及葡萄酒本身的质量和风味，通常会选择陈年半年到两年时间不等。但是也有红葡萄酒是没有经过橡木桶陈年的，它们以果香为主，酒体清淡、柔顺易饮，很多人说这样的酒适合刚接触葡萄酒的人喝，其实我们经常接触到的就是这样的酒。一些在国内灌装、在超市买到的价位很低的酒基本上都是这种风格的。很多葡萄品种都可以酿造这种类型的葡萄酒，只要是大规模生产的、没有严格控制产量的、没经过或短暂经过橡木桶陈年的葡萄酒都可以酿造出这种风格。这样的葡萄酒单宁低，通常酒精度数也很低，以果香为主要风味，最出名的就是法国博若莱新酒，另外意大利瓦尔波利塞拉（Valpolicella）产区的瓦尔波利塞拉酒也属于这种风格。

这种轻酒体的红葡萄酒可以拿来作为日常佐餐酒，每天吃饭的时候配餐喝，一是因为价格比较低廉，也比较百搭，二是因为酒体不重，可以与头盘或者冷菜搭配，而且因为有一定的酸度，也可以与一些咸味和酸味的菜搭配，来去除口中的油腻感。

酒体饱满单宁重的葡萄酒

这种单宁厚重、酒体饱满的葡萄酒通常会经过一到两年的橡木桶陈年，还有一定时间的瓶中陈年，这样的葡萄酒强度、复杂度和酒精度数通常较高，有明显

浓郁的红葡萄酒搭配牛肉干

的浓郁口感，当然，这样表现完整的葡萄酒通常价格也会很高，所以高价格葡萄酒中，这类葡萄酒占的比例比较大。比如说法国波尔多的一部分酒，西班牙的较高级别的葡萄酒，意大利南部产区的葡萄酒，澳大利亚一些南部产区的高端葡萄酒和精品酒庄出品的一些葡萄酒都属于这个类别。

这种类型的葡萄酒，可以在一个人的夜晚独自慢慢品鉴，体会其不断变换的口感和在口中浓郁而持续的味道。也可以三两个朋友一边闲聊一边品尝，分享彼此的心得。因为这类型的葡萄酒，实在值得大家为此付出一点时间，一点心情去欣赏，去享受。让葡萄酒点缀自己的心情，点缀自己的生活，也是葡萄酒的一种使命。

酒体饱满、单宁厚重的葡萄酒可以单独品鉴，也可以搭配菜肴，只是选择的菜味道也要相对重一些，否则酒的味道会完全盖住菜的味道，它可以与一些重酱汁的或油腻的菜式搭配，厚重的单宁可以中和菜中的油腻，比如牛排、羊排、东坡肉、红烧狮子头之类的菜式都可以与之搭配。

当中餐遇到葡萄酒 ▌━━┥

与懂得葡萄酒如何搭配西餐相比，懂得葡萄酒如何搭配中国菜就更难了一步，想要了解如何配餐，不仅要了解葡萄酒，同时也要了解菜的味道，而中国的菜系博大精深，除非你是厨师或者是一个吃货，否则真的很难了解所有。除此之外，中餐比西餐更难配酒的原因还在于西餐是一道一道地上菜，每一道菜是一个味道，配一款酒。或者比较随意的西式晚餐，可能只要一道菜，搭配一款酒也就可以了。而中国人的饮食习惯是四菜一汤，一大桌子菜大家一起吃，而不是分餐，更不会上一道菜，吃一道菜，撤下去再上第二道菜。所以中国人的餐桌上通常是酸甜苦辣咸五味俱全，蔬菜、鱼、肉一样不少，要想用一款酒满足所有的菜几乎是不可能的。

当中餐遇到了葡萄酒，我们就不得不变通一下了。既然无法满足所有，可以退而求其次，满足最多或者最主要的味道。这就简单了许多，虽然一桌子菜会有各种食材各种风味，但是可能会有一个主要的味道，比如说川菜的辣、东北菜的咸。也有可能，一个餐桌上会有比较主要的菜，比如说北京烤鸭。这种情况下，只要选择搭配主要口味或主要菜式的葡萄酒就可以了。吃川菜时可以选择清爽味甜的白葡萄酒；东北菜可以选择有良好酸度的红葡萄酒；北京烤鸭可以选择它的完美搭配酒黑比诺。这样搭配就不再是一个难题了。

如果没有主要味道，也没有主菜，那么可以大概看一下什么样的菜式更多些？海鲜更多？素食更多？肉菜更多？酱汁菜更多？还是清淡的菜更多？这时就可以选择一款可以搭配最多菜式的酒。最不济的情况下，看一下自己最喜欢哪道菜，就干脆不要管其他的菜了，选择一款能配上你最喜欢那道菜的酒就可以了。

酸味的菜意大利比较多见，比如比萨、番茄酱通心粉，酸味在中国也同样常见，糖醋排骨、锅包肉、醋熘白菜、酸菜鱼等都是以酸味为主的菜。根据意大利葡萄酒的传统（相辅相成的法则），有一定酸度的葡萄酒可以搭配酸味的菜，这样可以达到味道一致，两者相互提携。而太酸的菜式则可以用略有一些苦味的葡萄酒中和一下。

咸味的菜也可以用酸味的葡萄酒搭配，有酸度的葡萄酒可以很好地中和菜中的咸味，这时可以用意大利北部的高酸度但酒体轻单宁柔顺的葡萄酒搭配。除此

之外，如果你喜欢偏甜一些的葡萄
酒，也可以用半干或者半甜的葡萄
酒来配咸味的菜，可以相互中和味
道。不过我不建议直接选用甜酒，以
免中和的感觉变成了冲突。同时要注
意咸味的菜不要用单宁很重的葡萄酒
搭配，因为咸味会让葡萄酒中的单宁
更加突出。

尝试多种搭配

　　甜味的菜、甜点则可以用甜酒
来搭配，甜酒中通常拥有非常好的
酸度，这种酸度可以很好地搭配甜
点的甜味。当然甜点一般都是在餐
后，除了葡萄酒，餐后也可以搭配
一些烈酒或者欧洲比较流行的果酒
来中和甜点的甜腻感。

　　苦味的菜需要用同样有苦味的葡萄酒去搭配。在葡萄酒中苦味不会像单宁的
感觉那么明显，但酒体浓郁的葡萄酒会容易显现出苦味。所以，苦味的菜式，可
以搭配一些酒体浓郁的葡萄酒。苦苦相加犹如负负得正，苦味之后会带出酒的香
醇和菜香。

　　辣味的菜比较难以掌握，如果你真的很喜欢辣味或者麻辣的感觉，可以尝试
单宁突出的葡萄酒，因为单宁会让辣味在口中的感觉更加突出且持久，让菜辣上
加辣。但如果你受不了灼热的感觉，或者想用什么味道与辣味相互中和一下，则
可以尝试清爽的果香型白葡萄酒。辣是一种很霸道的口感，在这种口感下，几乎
无法让人静下心来去感受酒的味道了。所以与其如此，要么就辣碰辣，让辣味
更明显更过瘾，要么就用清爽的干白浇一浇口中的灼热感。

葡萄酒配餐，从哪里开始 ▸━━┥

　　葡萄酒与食物的搭配看起来好像很复杂的样子，其实这是一个很好的探索过
程。如果你开始留意葡萄酒与食物的搭配，就会在其中感受到无限的乐趣，并且

葡萄酒配餐

在一次次尝试中深刻地感觉到选对葡萄酒的重要性。那么葡萄酒配餐，我们该从哪里开始呢？

就从你下一次喝葡萄酒时开始吧！并不一定要晚餐才可以配葡萄酒，其实只要你在喝葡萄酒，周围的任何食物甚至零食都可以拿过来尝试。当然，如果你是在一桌子菜面前品酒，那就更不要错过这个机会了。最快掌握葡萄酒配餐的办法不是看这本书，也不是看任何葡萄酒专家写的文章，就是喝酒吃菜，去亲自尝试。这里用上那句"要想知道梨子的滋味，就要亲口尝一尝"的名言再适合不过了。你完全可以每一道菜都用来配酒尝试一下，然后体会一下在口中的感觉和味道。

一般尝试的时候，可以先吃一口菜，咀嚼过几次之后，要咽下去之前，喝一口葡萄酒，在嘴里将菜与葡萄酒混合，混合一两秒后一起下咽。这样你就可以充分地体会到葡萄酒和这道菜配合时的口感。无论好与不好，都会给你留下深刻的印象，让你马上体会到葡萄酒配菜的口感与差别并记住它。好与不好，对你而言都是一份惊喜地发现。

第四节

成功人士的道具

　　类似签约酒会、开业庆典、产品发布会、公司周年纪念这样的场景，除了让我们想到人群与掌声外，也会让人想到如今这类场景中不可或缺的庆祝道具——葡萄酒。随着酒文化在人们生活中的不断深入，葡萄酒被纳入成功道具的时代已经到来，并会日趋深入人心，就好像中秋节吃月饼，端午节吃粽子会慢慢成为一种习惯。

　　但是这就要求公司的领导、员工懂得一定的葡萄酒知识，甚至公司领导还需要懂得一些开葡萄酒的技术，最好还要娴熟优雅。试想庆典仪式开始，掌声响起，一片欢呼，镜头对准要开香槟酒的董事长或总经理，相信是没有人想在这种场合下有任何差错的。

　　而对于一些跨文化合作的公司或国际化的企业，员工时常需要与国外的工作人员打交道，这不仅仅要求他们需要懂酒，甚至要学会品酒，学会谈论酒，要对葡萄酒有一些见识。因为和很多外国人打交道时葡萄酒文化是相对广泛而时尚的话题。葡萄酒是一个永恒的话题，它不像谈论天气一样平淡，也不会像谈论政治那样复杂，它是一个可以体现自身修养又能融入一个环境中的话题。韩国三星经济研究所发布的一份问卷调查显示，84%的首席执行官（CEO）因为不懂葡萄酒知识而有过精神压力，95%的人认为葡萄酒知识重要或有时重要。甚至有些时候，尤其是在商业洽谈中，葡萄酒可以左右磋商的方向。

　　据我所知，华为、周大福以及一些航空公司都曾为其高层举办过葡萄酒知识培训。我曾经亲身经历了华为高层的培训，让我惊讶的是那些高层们没有一个是来糊弄事的，甚至有人带着平板电脑，培训师讲到哪里就马上在网上查到哪里，非常认真，遇到不明白或想了解更深入的地方也会马上询问。看到他们如此严谨认真的态度，不难想象了解葡萄酒知识与文化对于他们来说有多么的重要。

　　牛津与剑桥大学都会定期为学生做葡萄酒知识的培训并成立了葡萄酒协会，甚至会每年都举行一次品酒比赛。在大学中就开始培养学生对葡萄酒的了解是非常必要的，就像培养学生社交能力、解决问题的能力一样，葡萄酒已经不是简简单单地被定义为与食物搭配的一种饮品了，它是一种社交饮品，是走向成功的道具，是成功需要的道具。

　　现在的中国，葡萄汁对酒精的时代已经过去了，葡萄酒已经走向正规的发展方向，在一线城市几乎已经不再有雪碧对红酒的现象了，甚至二三线城市的一些酒类经销商都会定期给客户进行专业的葡萄酒知识培训。越来越多的大学开设了葡萄酒专业，虽然很多是选修课程，但对于普及和传播葡萄酒文化起到了很好的作用。自媒体时代开始之后，想要了解更多的葡萄酒知识，知晓和参加更多的葡萄酒文化活动变得更容易了。我作为葡萄酒讲师也一年比一年更深刻地感到，来参加专业品酒师课程的学员中，爱好者（非葡萄酒行业内工作人员）占的比例越来越高，这也说明了很多人希望，甚至迫切地想要了解更多关于葡萄酒的文化和知识。

第五节
品酒私情

我一直不支持把品酒做成八股文章一样，一定要遵循某些条条框框。葡萄酒是大自然赠送给人类的礼物，所以不让它任由人工的力量去改变太多，而是一种释放才对。开启的那一瞬间，酒开始释放孕育已久的情怀，去俘获品尝者，如果品尝者反而开始拘谨了，岂不是枉费了酒这么久的等待？

品酒，也有私情

绝大部分的葡萄酒爱好者并不是品酒专家，不懂得品酒，也不需要懂得如何品酒。即便是专业学葡萄酒的人，在品酒的时候也会加入私人感情，甚至国际性的品酒专家，他们对待同一款酒的态度有时也是截然不同的。此时，我脑海里突然联想到了蜡笔小新，那个不喜欢吃青椒的5岁小男孩，我想他长大了应该不会太喜欢赤霞珠这种有青椒味道的葡萄酒吧，但是到目前为止谁又能撼动波尔多葡萄酒国王的位置呢，所以很多时候大家都在谈论哪一种酒多好多好，也许你会发现对于你来说，那款酒并没有那么打动你的心。

这也是葡萄酒的魅力所在吧，虽然有它统一的标准，但是每个人都有自己的感触，正所谓萝卜青菜各有所爱，有些人更注重气味，有些人更注重口感，有些人喜欢复杂型的，有些人是喜欢简单的果味型的。经常有人问我，什么样的酒才是一瓶好酒？怎样分辨它的质量？而我在想，他这么问，是想得到一个什么样的答案呢？好到什么程度才能算是好酒？而评分很高的酒，所谓的好酒，他又真的会喜欢吗？

品酒

所以，我经常说，你喜欢的就是好酒，对于你来说最适合你的就是最好的酒。这就和谈恋爱是一样的，条件好的、相貌好的、品性好的选择比比皆是，然而最后你选择和你在一起的一定是最适合自己的，因为对于你自己来说最适合的才是最好的。品酒也是如此，要遵从自己的感觉，不要被别人的言论所牵绊，只要你细细地品味，葡萄酒就会给你带来更多的惊喜。因为品酒，有的时候也有私情。

品酒与心境 ▶━┤

葡萄酒有很多个品牌，除了那些个别的品牌追求者，如果按照牌子来选择葡萄酒的话，人一定会疯掉。对于一个喜欢葡萄酒的人来说，就算每次都选择之前没有喝过的品牌，这一生也不可能品尝到所有品牌的葡萄酒。在葡萄酒界也的的确确有这样两种极端的消费者，一种极端是，尝了众多美酒之后，在芸芸众酒中找到了属于自己的那一款，于是盯死了只喝那一款酒。还有一种极端是，但凡是喝过一次的葡萄酒，绝对不再喝第二次，因为品牌那么多，他们认为何不把有限的人生留给还没尝试过的酒款呢。

当然，这两种极端的人虽然都有，但并不是大多数，更多人认为葡萄酒的个性还是来自于产区和品种多一些，于是更多的时候，我们在酒吧或饭店是选择一个葡萄的种类，而并不是一个公司或者一个品牌。这也是一种趋势，人们在做选择的时候会慢慢地将品种和产区划入考虑的范围。

然而选择酒，什么时间喝、什么场合、什么目的、喝什么酒也要看看当时的心情，然后根据心情来选择合适的酒 。一般来说，在某些场合下，我会有以下几种选择：

少女型：和同性朋友出去吃饭娱乐的时候，我会选择维欧尼品种的白葡萄酒。维欧尼是一种有着很独特的浓香水味道的葡萄品种，一般质量都很高，不像雷司令那样酸，不像霞多利那样复杂，却也不简单，口感浓郁且更加平衡，让像我这样比较喜欢花香型又不喜欢太轻飘的人觉得刚刚好。而且维欧尼即便是干白葡萄酒，却因为那浓浓的香水味而让人感到一丝甜甜的味道，非常适合中国人的口味，可能是因为价格偏高，所以在国内还不流行。这是我最喜欢的品种，所以在最开心的时刻我会选择它，尤其和同性朋友在一起无所不谈分享人生的时候维欧尼是最适合我这种心情的。

轻熟女型：如果有异性朋友在场，或者纯粹是和异性朋友一起的时候，我会选择美乐品种的红葡萄酒。我是一个比较独立，性格比较坚强的女人，即便和男人在一起的时候我也经常不自觉地漏出我强势的本性，而美乐独特柔软顺滑的口感，可以让我很容易地放下强硬的一面，展现女子柔弱的一面。虽然在我心里一直认为年轻的女人更适合白色的起泡酒，积极、活跃、向上、明朗、年轻……可仿佛我们这些80后早期的女子已经过了那个年龄了。也或者对于我来说，当和异性朋友在一起的时候是希望自己即便不是熟女也要是个轻熟女吧。至少在不太熟悉的异性面前，不要太过分暴露自己的本性。

熟女型：这一种比较特别，就是在只有我一个人的夜晚，思念远方的爱人也好，享受一个人的孤独也好，体会低落的人生也好，我会选择赤霞珠品种的红葡萄酒。赤霞珠是红酒中经典的品种，像思念一样悠远，像孤单一样深沉，像人生一样复杂，苦涩中的甘美，是那种心情下最完美的搭配。

抛开别人的术语，品自己的酒 ▶━┫

提到品酒，很多人的第一感觉是用嘴，用舌头，是"喝"这个动作，而当初学习品酒的时候，我总是感觉葡萄酒的气味更独特一些，所以我总是用更多的时间在"闻"这个动作上，但是我不知道自己的这个想法是否正确，直到老师告诉我并没有理解错。

一篇获诺贝尔奖的论文写到，人的嗅觉系统由将近1000种不同基因编码的嗅觉受体基因群组成，这些基因群交叉组合可分辨1万多种气味。远远超过视觉和味觉可以分辨的程度。

知道了这些知识，也知道了葡萄酒的气味分12大类，29亚类和94种典型气味。很多人便开始致力于去学习，去品尝，去熟悉列在单子上的这些描述葡萄酒

品自己的酒

气味的专业术语，结果发现了麝香、天竺葵、尤加利叶等极其不常见的味道，却不知道这些名称对应的到底是什么物品，也不知道要去哪里寻找。而那些我们熟悉的又可以找到的，比如说坚果、芦笋、黑醋栗，我却又不确定它们的味道，因为它们本身味道就非常的淡，把他们放在鼻子前闻即便闻到味道也很难印象深刻。哪怕是樱桃这样常见的水果，如果你下次去超市有卖樱桃的，不妨把它放在鼻子前闻闻，你会发现其实也闻不出什么味道。于是乎市场上就出现了"酒鼻子"这一产品，这个产品对于那些想专业研究品酒或者对品酒极端感兴趣的人来说是会有些帮助的。但是对于大部分人来说，既没有那个精力，也没有那个财力，仿佛也没必要买这个酒鼻子。

其实品酒就是品尝你手中握着的酒，这是一杯属于你的酒，你有权用任何方式去形容、去描述它，完全不用拘谨于葡萄酒香气轮盘上的那些专业术语。因为我们每个人成长的环境不同，个人爱好不同，所以熟悉的味道也不同，再加上思维方式不同，语言表达方式不同，所以描述一杯酒的用词也会不同。不要觉得自己偏离了轨道，其实品酒最重要的就是把你感觉到的表达出来，而不是对照着气味列表，一边回忆着麝香味一边闻手上这杯酒，看到底有没有所谓的麝香味。

记得我第一次品尝维欧尼的时候，记忆中它的品种特点是香水味，我当时听到后脑海里面完全没有任何深刻的概念。香水味？乍一听仿佛有些印象，但是仔细想想，香水味具体是什么味呢？香水本身就有好多好多种气味，每一款都不同，而且相差甚远。于是我持怀疑的态度闻了一下维欧尼，没想到扑面而来的是一股很强烈的洗发店的味道，随后我问了很多人，他们都表示并没有闻到类似味道，但是对于我来说这股浓厚的理发店味道就是我对维欧尼品种特点的记忆。之后每次盲品当我闻到这个味道时都会非常确定，这一杯品种是维欧尼。当然，我并不是说这个味道不好，维欧尼其实种植相对较少，收获的葡萄质量相比其他品种而言要好，所以葡萄酒质量较高，酒体饱满，价格也不便宜，是适合酿造高端葡萄酒的品种。我认为

主要是我上学期间曾在理发店打过工，所以对理发店的味道熟悉也敏感，可能哪怕只有一点点类似某种洗发水的味道就会让我想到理发店。

　　而赤霞珠和长相思，甚至有时候在霞多丽中都会出现的一种沁人心脾的草本味道，有人形容是割青草的味道，有人形容是树叶或是青苹果的味道，但是每次我一闻到这种味道，脑袋里只会联想到我曾经用过的一款香水。那其实是一款有苹果味道的香水，因为我曾经每天都用，所以对这个味道非常的熟悉。

　　总而言之，可以干脆不去纠缠那些气味与味道的形容词，只是简简单单地描述自己的感受，放松心情，浅尝一口，或许你感受到一丝暖意，或许你感觉更贴近了大地，又或许某一瞬间想到了晶莹的水滴，而到了清澈的河流，置身于葱郁的森林，也或许你会感受到一片花海，而把这片花海赠送给你的爱人，是不是比一束鲜花更加浪漫呢……也许这样的品酒太过诗情画意了，但是葡萄酒本就是大自然雕塑的一件艺术品，无须拘谨于品酒术语的条条框框，用自己的感情去感受你手中的那杯葡萄酒吧！

第六节

葡萄酒的养生文化

在这里，首先要提出两个观点，第一，健康从来不是葡萄酒被选择的首要理由。很多葡萄酒生产商、经销商在葡萄酒文化宣传中，总会提及葡萄酒的养生功效，总会用葡萄酒对人体的健康有益作为选择葡萄酒的一个理由。但葡萄酒带给人们的首要理由并不是养生作用。

第二，不要忽视葡萄酒作为酒精类饮品给人体造成的一定危害。葡萄酒是否对人体健康存在很大益处？存在哪些益处？还有待研究。但是酒精给人体的害处是真真实实存在的。葡萄酒与其他酒精类饮品相比，再健康它也是酒精类饮品，过量饮用对人体同样存在危害，饮用后也同样不可以开车，与其他酒精类饮品并没有本质上的区别。所以不要认为葡萄酒存在对人体有益的物质就可以过量饮用，也不要认为身体中存在的一些健康隐患可以依靠饮用葡萄酒得以治愈。

葡萄酒的确含有对人体有益的成分，但是任何饮食均不宜过量。

葡萄成分解析

葡萄酒是由100%新鲜葡萄压榨成汁发酵而成的，虽然根据不同情况的需要会另外加入其他一些物质，但是绝大部分成分还是葡萄本身所含的物质。所以葡萄酒的养生作用和对人体的益处多来自于葡萄本身的营养成分。葡萄本身对人体具有助睡眠、助消化、防癌、防炎症、抗衰老等功效，所以由葡萄酿制而成的葡萄酒也拥有这些功效。

酒石酸——助消化

葡萄中含有较多的酒石酸，有促进人体消化的作用，酿制成酒后酸性物质依旧存在，这种酸性物质在配餐时起到排油解腻、助消化的作用。

原青花素——抗衰老

葡萄子含有不可多得的抗氧化成分原青花素，其抗氧化的功效比维生素C还

中国古代关于葡萄酒保健方面的记载

"为此春酒，以介眉寿"。

——《诗经》

"酒者，天之每禄，帝王所以颐养天下，享祀祈福，扶衰养疾"。

——《汉书·食贸志》

"暖腰肾、驻颜色、耐寒"。

——《本草纲目》

"葡萄酒运气行滞使百脉流畅"。

——《饮膳服食谱》

"葡萄酒肌醇治胃阴不足、纳食不佳、肌肤粗糙、容颜无华"。

——《古今图书集成》

要高出20倍，比维生素E高出50倍。众所周知抗氧化是防止衰老的办法，酿造红葡萄酒时，葡萄子与葡萄皮同时浸泡在葡萄汁中发酵，所以葡萄酒中同样保留了这种抗氧化成分，可以防止衰老。

白藜芦醇——抗癌

葡萄中含有一种抗癌物质，叫作白藜芦醇。白藜芦醇可以有效防止健康细胞癌变，阻止癌细胞扩散。葡萄汁酿制成酒后，这个成分依旧存在，国外有专家研究发现，葡萄酒拥有一定抗癌物质。但在这里多说一句，葡萄中本身存在的抗癌作用的成分在葡萄中占比不到1%，所以作用其实微乎其微，目前只是证明这种抗癌物质存在于酒中，但并没有科学家证明葡萄酒本身有多大的抗癌功效。

褪黑素——助睡眠

葡萄中含有一种成分叫作褪黑素，褪黑素是大脑中松果体分泌的物质，这种物质可以调节睡眠周期，治疗失眠。晚餐后饮用适量的葡萄酒，可以有助睡眠，但若睡眠前大量的饮用葡萄酒，则不仅不会助睡眠，反而因为葡萄酒的利尿作用，会导致起夜而不得安眠。

矿物质、维生素——防止神经衰弱、抗疲劳

葡萄中含有大量的矿物质（如钙、钾、磷、铁等）、各种维生素（如维生素B_1、维生素B_2、维生素B_6、维生素C、维生素P等），还有各种营养物质，故常食用葡萄可以缓解神经衰弱和过度疲劳。而酿酒葡萄因为根部更加深入土壤，可以汲取深层土壤中更多营养成分，所以葡萄酒中则含有更多的矿物质、维生素可以补充人体的日常所需。

如何饮葡萄酒最健康 ▶━┥

饮酒要有量有度、有时有晌，与饮食搭配才能使饮用葡萄酒成为对人体健康有益的事情。

我们常说适量饮酒，那么多少算作适量呢。葡萄酒的酒精度数在11～14度，一些甜酒或者浓郁醇厚的酒可以达到15度。比国外烈酒和中国白酒的酒精度数低了许多，但是葡萄酒却后劲十足，所以不宜饮用过多。一般而言，男性每人每天饮用不超过250毫升，女性每人每天饮用不超过150毫升比较合适。正常瓶装的葡萄酒为750毫升，葡萄酒一般倒至酒杯的1/4至1/3即可，一瓶葡萄酒正常可以倒8杯左右，所以正常情况下，合适的饮酒量也就是每日2杯左右，过量则不宜。

另外，很多人喜欢吃夜宵时饮酒，尤其很多男性更是经常相聚饮酒到凌晨，这个点喝酒不管喝什么都是不健康的。葡萄酒最佳的饮用时间是在晚上7点到9点半之间，最好可以有食物相伴。比如在晚餐的时间与食物一起搭配饮用，如果搭配得当，不仅可以提升葡萄酒与菜肴的味道，还可以起到去油腻、助消化的作用，是最健康的选择。而过了9点以后是临近睡眠的时间，过量饮酒则会影响到睡眠。

无论哪一种酒，空腹饮酒都是对身体不好的。如果因为某些特殊原因酒水不能与菜肴搭配食用，又没能提前用餐，那么可以吃一些饼干、奶酪或者喝一瓶酸奶来保护胃黏膜，再饮酒便可以缓解酒精对人体特别是肝脏造成的伤害。

与其他酒类不同，啤酒喝个爽，白酒喝个烈，葡萄酒则需品其味。饮用葡萄酒时最不该用的方式就是"干杯"，葡萄酒是需要慢慢品尝、慢慢享受的酒，不适宜快速饮用，否则不仅无法体会到葡萄酒该有的味道，更因为饮用速度太快，酒精无法及时挥发，导致醉的过快，也对人体有害。

曾经传说喝酒脸红的人能喝，但后来已被科学证明，喝酒脸红是因为人体内对于酒精的降解酶少或者活跃度低造成的，所以其实喝酒脸红的人是不适合多喝酒或者喝快酒的。

葡萄酒还能带给我们什么 ▶━┥

葡萄酒除了喝，还可以用来做什么呢？下面来为大家介绍一些葡萄酒的其他用途。

葡萄子护肤品

很多护肤产品都是在葡萄子中提取的，前文提到过葡萄子中含有大量抗氧化、抗衰老的成分，而葡萄子则是酿造葡萄酒的副产物，葡萄子提纯后，可以得到世界上最好的抗衰老物质，是如今时尚人群中无人不知的护肤产品。有些酒庄利用酿酒过滤出来的葡萄子制造护肤品，生产出酒庄的附属产品，不仅葡萄子可以得到再利用，更因为生产天然的抗衰老护肤品给酒庄创造了更多的利润价值。最著名的品牌叫作高达丽（Caudalie），由波尔多的史密斯拉菲特（Chateau Smith Haut Lafitte）酒庄生产。在国内也可以买得到，而且价格比那些国际大牌子要实惠多了。

葡萄酒面膜

市场上最常见到的葡萄酒护肤品就是红酒面膜，几乎每个超市都有销售，红酒面膜的功效多是抗衰老、提亮肤色、美白护肤，与葡萄和葡萄酒本身对皮肤的护理功效差不多，是一些生产商将葡萄酒中的护肤成分提炼后制造出来的，可以更直接地保养皮肤。当然，现在市面上有多种红酒面膜，但是只有从葡萄酒中提取制作的面膜才是真正有效的。如果你不知如何选择市场上的产品，也可以自己在家用红酒制作简单的面膜。

红酒蜂蜜面膜

做法：将20毫升红酒倒入消过毒的玻璃杯内，放在沸腾的水里浸泡20分钟左右（让红酒中的酒精蒸发掉一些，以免引起皮肤过敏），然后加入蜂蜜2茶匙（约10毫升）、珍珠粉少许，混合均匀。

用法：均匀涂在脸上，5分钟后温水冲洗。

作用：美白、滋润肌肤、清洁毛孔。

红酒牛奶面膜

做法：将20毫升红酒倒入消过毒的玻璃杯内，放在沸腾的水里浸泡20分钟左右，然后加入1/3杯（约80毫升）的牛奶、1小勺（约5毫升）橄榄油、1/4杯（约60毫升）的蜂蜜和适量面粉调成糊状。

用法：均匀涂在脸上，5分钟后温水冲洗。或使用面膜纸，七成干后取下，用温水洗脸。

作用：缩毛孔、清黑头、提亮肤色。

葡萄酒水疗

葡萄酒水疗（SPA）与葡萄酒面膜类似，不过葡萄酒SPA提供更全面，更专业的服务，包括红酒浴、红酒护肤、红酒泥敷身等各种护肤项目。葡萄酒SPA在葡萄酒之乡勃艮第尤为盛行，有美白肌肤、排毒养颜、抗皱防衰老等功效，虽然得到了很多爱美人士的追捧，但还是。她们甚至会不惜重金，专程前往勃艮第去感受最专业的葡萄酒SPA。如今世界很多地方都开始出现红酒浴、红酒温泉，包括中国。

葡萄酒入菜

用葡萄酒做菜也很常见，尤其是一些西餐厅或者五星级酒店，都有用红酒入菜的菜式。大家最熟悉的就是红酒雪梨了，非常清新爽口，其他一些牛排、猪排、鸡翅，甚至是一些鱼类、蘑菇、豆腐为主料的菜式也可以用红酒调味。用红酒调味的菜式，更加适合搭配红葡萄酒食用，用哪款酒做的菜就可以用哪款酒佐餐，这或许是餐酒搭配的最完美选择。用红酒调味不仅可以提升菜的味道、去除腥味、油腻，还可以加入葡萄酒中的养生成分。下面介绍几款比较常见的菜式，我们在家里也可以试试，不是很复杂。

红酒雪梨

原料：红酒700毫升，水晶梨1个，柠檬半个。

调料：冰糖、肉桂粉各适量。

做法：

1. 柠檬洗净切片，放入水中备用。

2. 水晶梨洗净去皮、去核，对半切开，放入泡有柠檬片的清水中防止变色。

3. 红酒倒入锅中，放冰糖、肉桂粉，煮至冰糖化开。

4. 放入水晶梨，中小火煮至红酒翻滚，转小火继续煮1小时。

5. 煮好盛出，凉凉放入冰箱中冷藏几小时再食用。

红酒鸡翅

原料：鸡翅500克，红酒1杯（约240毫升）。

调料：姜片、盐、生抽各适量。

做法：

1. 鸡翅洗净，用刀划几道斜口，用厨房纸吸干多余水分。

2. 平底锅倒少许油，放入姜片、鸡翅，小火将鸡翅两面煎至金黄，调入适量盐。

3. 慢慢倒入生抽和水，翻炒几下。

4. 倒入红酒，基本盖过鸡翅表面，大火烧开后小火收汁即可。

第五章

葡萄酒市场

　　关于葡萄酒前面介绍了这么多，我想大家最关心的还是在哪里可以买到葡萄酒，葡萄酒长相差不多为什么价格差那么多？价格究竟说明了什么？如何选到物美价廉的葡萄酒？究竟在这个市场上哪些葡萄酒是好的？应该买哪个品牌的葡萄酒？到哪里买才不会被骗？也许你对葡萄酒已经很感兴趣了，但是选酒一直是一个让你头大的问题。在这一章节里，我会为你解答这些问题。

第一节

影响葡萄酒的价格因素

　　葡萄酒价格各异，从几元到几万元、十几万元的都可以在市场上找到，很多人会奇怪，为什么包装差不多的葡萄酒价格却可以相差那么多？啤酒也是那么多品牌，可价格都相差无几，就算是国外进口的啤酒，与本地啤酒也没有那么大的价格差距。虽然白酒有价格差异，但是差距却远远不如葡萄酒之间的差距那么大。究竟是哪些因素影响了葡萄酒的价格，上万元的葡萄酒是否真的物有所值呢？可以影响到葡萄酒价格的因素有五个方面，包括先天因素、后天因素、市场因素、品牌因素和人为因素。其中最重要的，也是决定葡萄酒基本价值基调的是先天因素，这也是葡萄酒与其他产品不同的地方，先天因素决定了葡萄酒的基本品质。

老葡萄藤

先天因素——葡萄的质量 ┣━┥

出身：葡萄品种、葡萄藤的年龄

一般情况下，葡萄品种的差异不会太大地影响到葡萄酒的价格，但是有个别葡萄品种，比如说红葡萄品种中的黑比诺和白葡萄品种中的维欧尼，因为葡萄本身非常娇贵，对土壤和天气比较挑剔，又对各种病虫灾害缺少免疫从而难以种植，导致这些葡萄品种的种植，或者收购的成本比其他葡萄品种高，这种情况才会直接影响到葡萄酒最终的价格。

葡萄藤的年龄直接影响着葡萄的产量和质量，所以也直接会影响到葡萄酒的最后价格，这也是为什么很多葡萄酒打着老藤的旗号从而提高葡萄酒的价格和价值。

葡萄品种

天时：葡萄的采摘年份、葡萄藤疾病

前面已经提到过很多次年份对于葡萄酒的重要性了，尤其在一些顶级酒庄中年份对葡萄酒价格的影响是非常明显的，好年份与差年份的价格可以相差成千上万元。一个好的年份，需要春夏秋冬每个季节的天气都正好达到当地的葡萄生长的最佳条件，所以好的年份酒价格会更高。除了气候的影响外还有各种葡萄藤的疾病和天灾，比如说龙卷风、火灾等会使得葡萄产量大幅度减少。若遭遇天灾或者病虫害的年份如果没有影响到葡萄质量，只是影响到了产量，那么酿成的葡萄酒价格也会提高。

曾经有一位资深葡萄酒爱好者普林斯顿大学的计量经济学教授奥

葡萄园的土壤

利·阿什菲尔特（Orley Ashenfelter），根据1952年至1980年间6家波尔多名庄中10个年份的60款葡萄酒在1990年到1999年的伦敦市场拍卖情况，推导出了一个葡萄酒价格公式：葡萄酒价格被解释变量=0.0024×酒龄+0.608×葡萄生长期平均气温−0.0038×8月至9月降水量+0.00155×上一年11月至本年3月的降水量。

　　我数学非常不好，对这么晦涩难懂的数学公式基本上是一头雾水。但我个人的理解，这个变量应该是越大越好，那么这个公式至少可以说明有哪些因素会影响到葡萄酒价格。在这四个影响因素中有三个都是跟当年的气候有关，有一个是跟葡萄酒的年份有关系，如此可见，酒龄与出产年份的气候对葡萄酒价格的影响是多么彻底。

　　地利：产区、土壤

　　葡萄酒产区的地理位置、海拔、坡度，葡萄园土壤的成分、结构、排水性能等都会直接影响到葡萄的质量，进而影响到葡萄酒的价格。另外，葡萄酒产区的名气也会间接影响到葡萄酒的价格，虽然它不一定会影响到质量。比如说波尔多产区的葡萄酒与罗马尼亚产区的葡萄酒也许质量上相差不多，但因为波尔多更有名气，价格便可能会比罗马尼亚的葡萄酒高一些。

不同搭棚架的方式

人和：葡萄园管理、采摘

除了出身、天时、地利的因素，当然也会有人工的因素，人工对葡萄园的管理措施也会左右葡萄的质量，进而影响到葡萄酒的价格。比如说葡萄园搭棚架的方式、灌溉管理、剪枝数量、葡萄藤之间的间距都会影响到葡萄的产量和质量。另外非常重要的一点就是葡萄的采摘时间，过早采摘会使葡萄糖分低酸度高，采摘晚了则会使葡萄酸度低糖分高，把握最理想的采摘时间，使葡萄在采摘的时候达到酿造葡萄酒的最理想状态，这是人为因素在左右着葡萄酒的质量。此

外，采摘的方式、速度也都会影响到葡萄的质量，一般情况下机器采摘的葡萄会比手工采摘的价格低，不仅因为机器采摘的质量不如手工采摘的好，也因为人工的费用比较高。

如果酿造一瓶酒的葡萄出身够好、年份最佳、占据有利的地理位置，又遇到了伯乐管理葡萄园，那么在其他因素相同的情况下，这瓶葡萄酒的最终价格必定比其他的葡萄酒高。一瓶葡萄酒的质量70%来自于葡萄本身的质量，可见葡萄质量对于一瓶葡萄酒来说有多么的重要。

后天因素——包装、运输、保险、人工

葡萄采摘下来后酿酒与陈年的过程属于人为因素，这一点我们稍后再谈，先介绍一下会影响到葡萄酒价格的后天因素。

当酒可以灌装的时候，酒瓶的选择（普通瓶还是重瓶）、酒塞的选择（软木塞还是螺旋塞、完整的软木塞还是合成的酒塞）、酒标的设计（人工费用、版权费用）、酒标与封瓶的材质、酒瓶的外包装（纸盒还是木盒、材质的选择），都

会涉及各种不同的选择，质量与价格也会有很大不同。这些费用最后都会体现在葡萄酒的价格上。

除小部分厂商只做当地生意，大部分生产商的葡萄酒会选择出口扩大市场，选择空运、陆运或是海运，再加上运输保险，这些都不可避免会产生费用。这些费用也都会计算在葡萄酒的成本中。

市场因素——关税、渠道价格、宣传费用、市场需求 ▶━╋

对于中国的市场来说，关税是很大一块成本，不仅仅是关税本身，如果因为各种缘由被海关扣押，每日还需要支付一定的报关费用，进口商们必定也会将这些费用计算在酒的成本中。

关税之后，便是渠道价格，渠道价格也是占据了很大一块成本，酒庄出口价是一个价格，到了进口商那里，加上了关税、运输、保险、人工、运营等费用又是一个价格，从进口商再到各省市经销商和代理商，经销商再供货给饭店或门店，再由饭店和门店供给消费者，这每过一个环节，就需要加一笔费用，加之每个环节还要赚取利润，这些所有的费用都会加到最终的葡萄酒价格中。而品牌

各种各样的葡萄酒包装

葡萄酒的包装

宣传、广告、促销以及活动这些用于宣传产品的费用也会被平摊到葡萄酒的价格中。

　　另外，有一种无形的因素也极大的影响着葡萄酒的价格，那就是市场需求。市场需求最容易将某款酒炒作到不合情理的价格，比如说大家熟悉的拉菲。除了拉菲之外，还有很多好的葡萄酒，因为名气大，或者因为产量少且质量高备受推崇，比如澳大利亚奔富的葛兰许，再比如最近兴起的加利福尼亚州膜拜酒。

品牌因素——品牌价值、酒庄历史

　　与市场需求相同，当一个酒庄或者一个系列成了一个知名品牌，比如奔富，那么它的品牌价值也同样会体现在葡萄酒的价格中。不仅如此，有一些"贵族酒庄"因为酒庄出身名门，地位显赫，所以哪怕葡萄酒的质量与其他酒相比甚至略差些，价格也都会居高不下，这可能是一种门第尊贵的需要吧。

人为因素——酿造工艺、酿酒师和罗伯特·帕克

　　虽然在酿造过程将葡萄酒质量大大提升的空间不大，但是要确保整个过程中都达到最理想的状态并且不出现任何问题，让葡萄酒最完美地展现出来也并不是一件容易的事情，酿酒师往往面临着很多选择，加多少二氧化硫，是否过滤澄清，是否进行乳酸发酵，用橡木桶、水泥罐还是不锈钢桶发酵、陈年多少年，用多新的橡木桶等都是酿酒师需要不断考虑的问题，比如说橡木桶陈年，并不是在橡木桶中存放的时间越长越好，该不该进行橡木桶陈年，该陈年多久才使这款酒的口感达到最好，这都需要酿酒师来掌握。有一些知名的酿酒师，因为名气很大，尤其是那些有大名气的又已经退休或者离世了的酿酒师，他们酿造的酒则更是身价倍增。

说到这里就不得不再提一次罗伯特·帕克以及他的分数，他和他打给葡萄酒的分数对葡萄酒价格的影响尤其会体现在名庄酒上。甚至有人统计研究过，罗伯特·帕克的分数每上涨1分，葡萄酒的价格就会随之上涨7％，而每下降一分，价格则会下降不止7％，这是非常可怕的事情，因为你无法预测到他的心情，但他的一句话、一个分数就可以立即影响到葡萄酒的价格。

橡木桶

不锈钢桶

水泥罐

不合理因素——价格不透明、消费者不了解

上面说的就是一瓶葡萄酒从葡萄园到你手上的价格之旅，正常情况下，消费者最后买单的价格在酒庄出厂价的4倍以内都是合理的范围。但也不乏一些商家利用葡萄酒价格的不透明和消费者对葡萄酒的不了解，大大增加了葡萄酒最后售出的价格，这样的价格就属于不合理的范围。虽然现在市场上仍有不合理因素存在，但随着葡萄酒网络商城的发展和完善，越来越多的消费者开始品尝葡萄酒、了解葡萄酒，这样的情况也会随之减少。

第二节

去哪里购买葡萄酒

　　葡萄酒的价格是消费者很难左右的事情，但是去哪里购买是可以自己做主的。相对于白酒和啤酒来说，我认为葡萄酒的选择面更广，可供选择的酒也更多。喜欢葡萄酒的人就应该多多尝试，如果只为了Bin389或者Bin407一棵葡萄藤而放弃了整片葡萄园，那就体验不到品尝葡萄酒的乐趣了。在浩瀚的葡萄酒海洋中挑选出你喜欢的酒，也是一件很有乐趣的事情。虽然每个人的口味都不一样，但是可以确定的是，你喜欢的酒绝对不止有一款。

　　下面说说可以购买到葡萄酒的常见渠道。

超市 ▶━━┥

　　超市是比较传统的购买渠道，现在很多人是从超市购买酒的，超市的葡萄酒多半是国产的葡萄酒，很多都配有一些看起来不错的包装礼盒。在一些国内的国际连锁超市中进口葡萄酒的比例则会比较大，可选择的酒款也比较多。超市葡萄酒多源自于葡萄酒代理商。大型的连锁超市因为进货量比较大，相对

超市的葡萄品陈列

可以从代理商那里得到比较实惠的价格，而且超市在价格上也受到比较正规的管理，所以一般从超市购买的葡萄酒不太需要担心是不是价格加了太多，一般只是性价比有所不同。

　　不过随着入场费、上架费的增加，超市一些葡萄酒的性价比并不是很高，在一些中小型超市中还会出现因采购者对葡萄酒挑选不慎而导致有假酒的情况。如前文所说，假的葡萄酒在外包装上不是那么容易辨认出来。所以在一些小超市购买时还是要好好查看一下葡萄酒的中文背标。

葡萄酒专卖店、烟酒行 ▱—ᑊ

葡萄酒专卖店与烟酒行相比，我还是更倾向于去葡萄酒专卖店购买。一般的葡萄酒专卖店通常会叫作"××酒窖""××酒庄""××红酒屋""××酒坊"等类似的名字。他们的葡萄酒多和超市一样来自于各个葡萄酒代理商。不过相对于超市，这些专卖店的老板们在选酒上或许更加专业一些，或许本身就是一个葡萄酒行家。他们挑选的酒在品质与口感上来说应该都没什么问题，只是，因为他们的专业和他们面对不专业的消费者，会出现有些专卖店的价格定得过高的现象，让消费者很难选到一款性价比高的酒。在这个时候，作为消费者如果喜欢哪款酒，想了解哪款酒，可以先记下中文名或者英文名回家在网上查一下。如果查得到，网上的价格通常都会比专卖店的价格低一些，但是如果没有低太多那还是可以接受的。如果查不到，也并不代表酒是假的，可能是那款酒的价格还没有透明，被额外加价的可能性会比较高。

葡萄酒经销商、代理商

　　一些葡萄酒经销商或者代理商会有自己的展示门店，虽然他们主要的销售来源并不来自门店，但那里可以展示他们的产品和企业文化，也能接待公司的客人。如果你认识在葡萄酒经销商或代理商公司工作的朋友，或者你居住的附近有这样的公司，你也可以直接从经销商那里购买，成为他们的团购客户。

　　如果你很喜欢葡萄酒并且会经常在家或聚会的时候饮用葡萄酒（差不多每周1瓶或者更加频繁），那么你也可以选择在经销商或者代理商那里购买，如果可以一次多买一些也会得到不错的价格，偶尔他们也会开展各种各样的优惠活动，例如赠送礼品或者举办一些品酒会、讲座之类活动，你就能有机会更深入地接触葡萄酒和葡萄酒文化、品尝更多的葡萄酒，也有机会接触到其他葡萄酒爱好者。

葡萄酒网店、微店

　　葡萄酒网店已经悄然兴起，做得越来越具规模，从仓储到运输都开始越来越规范了。现在比较大的一些葡萄酒网店包括也买酒、红酒客、酒美网，都开始被大家所了解了。微信流行后，有一些自媒体平台也推出一些微信网店售卖葡萄酒，但购买时要选择专业的平台，以免购买到假酒。在网店上购买的好处是价格透明，就算不是最便宜的价格，也不用太担心价格过高。另一个好处是不需要自己运输，葡萄酒一瓶750毫升，加上瓶子其实还是挺重的，两瓶以上对于女孩子来说就已经是个负担了，加之葡萄酒对运输条件比较挑剔，如果是远距离搬运，没有一些专业的辅助用具还是挺麻烦的，网上买酒则解决了这些问题，不需要自己动手搬，酒就送到家门口了。无论是到超市买酒，还是专卖店买酒，因为架子的空间有限，我们很难在第一时间了解到除了酒标以外的其他信息，而网店的页面中，大都会很详尽地罗列出酒的各种信息，如酒庄的介绍、产地的介绍以及得过的奖项和分数，同时也会有其他买过的人写的评论，这些都可以成为辅助你选酒的资料。当然，在网上购买也有缺点，首先是不可能第一时间拿到酒，另外，如果网络公司管理不够完善的话会出现发错酒、发错年份或者酒标酒瓶出现问题以及难以退货的情况。

酒庄直接购买 ▶━━┥

如果你有机会去酒庄参观，可以从酒庄直接购买葡萄酒，不过虽然省掉了不少中间环节，但价格并没有想象中的那么便宜，不过它的质量倒是可以保证。另外，最重要的是一般在酒庄（尤其是国外酒庄，国内的一些酒庄还没有这种氛围）可以先品尝酒，再决定购买哪一款，所以买下来之后绝对不会后悔。只是，在国外酒庄购买酒带回国，在海关那里是有一定数量限制的，无法购买太多。

酒展淘酒 ▶━━┥

毕竟多数人出国的机会还是有限的，而且即便是出去了，也不会有机会去太多个酒庄，在国内的朋友们如果想体会国外葡萄酒酒庄先尝后买，想淘到又便宜又好喝的酒，那就千万不要错过葡萄酒酒展。

每一年在成都、北京、上海、广州、香港等都会定期举办各种葡萄酒展，有国内代理商招商的，有国外葡萄酒协会过来宣传的，也有国外酒庄直接过来参展发展中国市场的。

酒展淘酒

在葡萄酒展上，酒商们会全面地展示他们葡萄酒的资料以及葡萄酒文化，并且所有的酒都可以品尝。有些酒展是免费的，也有一些对于葡萄酒业外人士收费，但是费用都很低，一般还不到一瓶酒的价钱就可以进去品尝上千款酒。

酒展一般为期三到四天，最后一天对非专业人士开放，不管你是不是业内人士都可以进去大饱口福。当然最后一天也是酒商们大力度促销卖酒的一天，因为他们近则跨了几个省，远则跨了几个国家几个大洋把酒搬到这里，是绝对不愿意把酒再背回去的，他们宁愿当场送给消费者让大家品尝。所以这一天绝对是淘酒的最佳日期，运气好的话还会免费得到酒商们送的酒，一般"老外"会比中国人大方一些，一方面是因为酒的成本对于他们来说相对低，另一方面，他们跨国运酒很不方便，所以宁愿送人也不愿拿走。总而言之大家千万不要错过这样的好机会。

至于从哪里可以得到这些酒展的信息，可以登录葡萄酒资讯网，也可以扫右边的二维码，在资讯中心——展会信息中可以查到各个酒展的信息和报名方式。

展会信息二维码

葡萄酒拍卖行

这也是一种买葡萄酒的方式。如果资金足够雄厚，拍卖葡萄酒离我们其实并不遥远，自从香港对葡萄酒免税之后，它便成了世界葡萄酒拍卖最重要的城市之一。在拍卖行拍卖的葡萄酒多是法国列级酒庄以及由名贵产地和酒庄出产的葡萄酒，多是以投资、收藏和炫耀为主要目的的葡萄酒款。参加葡萄酒拍卖会的好处是诸多高端顶级的葡萄酒云集于此，也许真的可以在这里找到你梦寐以求的那一款葡萄酒。香港比较有名的葡萄酒拍卖行有佳士得、苏富比等。

餐厅与酒吧

除了把葡萄酒买回来，还有可以即时消费喝酒的地方，就是酒吧和餐厅，只是在这样的地方想要品尝到物美价廉的酒几乎是不可能的，因为在那里，消费的不仅仅是酒本身，还有服务和氛围。不过，也不是完全没有机会享用到比较实惠的价格。

餐厅酒吧

很多人不愿意买一瓶葡萄酒回家喝，因为觉得开了浪费，喝不完也不好储存，而在酒吧和餐厅可以选择他们的"杯卖酒"，就是以杯为单位消费的葡萄酒，一般一个餐厅的杯卖酒都是这个餐厅的主打酒、主推酒或是与其有紧密合作酒商的酒。很多消费者不愿意选择杯卖酒或者餐厅推荐、主厨推荐的酒，觉得他们强烈推荐的一定是卖得贵的、提成高的，有一种上当的感觉。其实大可不必有这种想法，一般杯卖酒和餐厅推荐酒的价格还是相对比较优惠的。在一些比较高档的餐厅里，主厨选择的推荐酒也必定是要符合餐厅和菜式风格的，不然会有失他们餐厅的水准。

除了餐厅，酒吧也是大家最常消费酒的地方，以啤酒、鸡尾酒较为常见。其实在酒吧来一杯清爽的起泡酒或者白葡萄酒也是不错的选择，价格不会太高，酒精度数也不会太高。现在是有一些专门以葡萄酒为主题的红酒吧，就是为客人提供杯卖的葡萄酒，让那些想品尝又不愿意买一整瓶回家的人可以来此品尝不同的葡萄酒。这样的专业红酒吧也不失为一个品尝葡萄酒的好选择，晚饭后去个红酒吧，品品酒、聊聊天、听听音乐、看看风景，也不失为一种健康时尚的生活方式。在红酒吧里，不仅能够得到专业的葡萄酒服务、感受葡萄酒文化，而且杯卖酒的价格也比较划算，又免得在家里为了一瓶葡萄酒准备开酒器、醒酒器、酒杯、酒塞、酒柜这些东西了。

综上所述，如果你是偶尔买回家自己喝，可以选择葡萄酒展会、葡萄酒网店购买。如果经常喝酒，可以选择葡萄酒经销商、代理商购买。如果要买酒送礼，可以选择超市、葡萄酒专卖店或是葡萄酒网店购买礼品套装。如果你不想在家准备酒具，可以选择红酒吧、餐厅购买葡萄酒。

葡萄酒选购指南

了解了葡萄酒，了解了葡萄酒的价格成分，了解了不同情况可以去哪里购买葡萄酒，那么在购买葡萄酒的时候究竟该买什么葡萄酒呢？究竟应该如何去选择葡萄酒呢？

在购买葡萄酒的时候，每个人都有自己最看重的因素。比如价格、国家、产区、酒庄、品牌、口感、品种、年份等都是你认为重要的因素。可是这么多因素中，哪一个对你来说最重要，你会首先确定下来哪一个，就只有你自己知道了。这没有统一答案，无论首先考虑哪个因素都是正确的。

以我自己为例，当我在一个展会上选酒，第一个考虑的是酒的口感，但在潜意识中我不得不承认，在上千款酒面前，决定尝试哪款酒时，一定会因为酒标的样式而左右我的选择。虽然我心里非常清楚酒标的样子与酒的口感没有半点关系，但是在选择的时候还是一定会被华丽、奇特、高端的酒标所迷惑。除了酒标之外，我还会受到另一个潜意识的控制，就是"品种"，虽然我没有特别偏爱的品种，但还是有一些没感觉或者不喜欢的品种，这种葡萄酿的酒我品尝的概率就会大大减少。一般品尝过后，如果觉得口感非常不错，我会有个心理价位，然后会咨询它的真实价格，那么"价格"就是我第二考虑的因素，如果价格高于预期，就会接着去尝试下一款；如果价格与预期差太多，那则开始考虑要不要购买。国家、产区、年份等对我的影响不大，除非就是冲着某个国家产区或者某种酒去选择的，比如想买一瓶澳大利亚巴罗萨谷的设拉子，我会考虑，是不是老藤？用了多久的橡木桶？什么年份？什么价位？当然，这是在为自己日常饮酒所需要的酒来挑选。如果不是为了自己日常饮用的，而是出于别的原因，那么考虑的因素也会完全不同。

　　除了买回家自己喝，当然还有很多种其他情况会用到葡萄酒，比如说派对聚会、生日聚会、贵宾宴请、浪漫约会、商务洽谈、结婚纪念、礼节拜访、婚礼庆典、携酒做客、答谢客户、送长辈或领导礼品等，不同的情况重点考虑的因素都会所有不同。

葡萄酒导购图

　　下页的导购图从为自己选酒，还是在为别人选酒开始。基本上囊括了需要葡萄酒的各种情况，但是在20种选择中居然没有一个是澳大利亚的葡萄酒，这让我很是失望，虽然，图中的黑比诺、莎当妮、美乐这些都可以是来自澳大利亚的酒款。而法国葡萄酒觉得有点多了，所以我想编写这个导购图的人应该是一个法国人吧。其实有些法国酒也可以换成一些来自意大利或者罗马尼亚的酒，同样也会是非常不错的选择。

　　还有一点，这个导购图是外国人编写的，所以多少还是有些不符合中国国情，比如其中两个选项"你要送礼物的人，他们是葡萄酒爱好者吗""你要送礼物的人他们是你在这个世界上最喜欢的人吗？"这两个选项，如果是No的话，对应的结果都是"他们不配拥有你的酒，不用再看这个表格了"。而其实在中国有很多时候大家买酒，都是给领导、客户、长辈购买的，基本都不是爱好者，也基本都不是你最喜欢的人，可是，很多时候我们都是因这些原因购买选择的。还有表中问道，你是想买"新世界"还是"旧世界"的葡萄酒时，如果你选择"什么意思"，他便干脆不再为你服务了——多谢，请您另行咨询！可见，对于连"新、旧世界"都不懂的人，在他那里是要遭到多大的鄙视，可是现今的中国，不知道"新、旧世界"也是很正常的。如果这样就不为人家服务了，那早就关门大吉了。

　　此外，还有一种中国式的选择这里面没有包括，那就是"牌子"，中国人对于"品牌"这东西的痴迷程度不是一般的高，苹果也好，拉菲也好，奔富也好，在任何一个国家都见不到在中国被疯抢的这种场面。想必大家都了解苹果手机的热销程度了，其实，那些知名品牌、知名系列的葡萄酒在国内热销的程度，被"山寨"的规模，一点都不亚于苹果手机。很可惜在这张导购图中也没有任何体现，不过，如果你买回来就是为了充面子不打算喝的话，那你买拉菲吧；如果你是打算自己喝的又非要牌子的，那建议你买奔富吧。

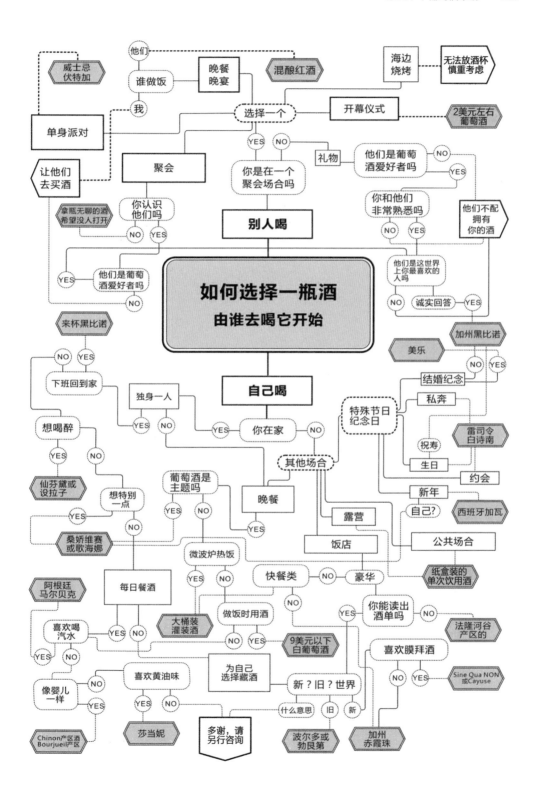

不过，在现实生活中，被最常问到的有关选酒的问题（几乎99%概率），是应该喝什么牌子的酒。品牌这个事物在消费者心中有着很重要的地位。很多人认为品牌就是品质的象征和保证，也有很多人认为选择顶级名牌葡萄酒用于请客送礼，也是面子的需要。但作为品酒师，这却是我最难回答的问题，葡萄酒的知名品牌确实有不少，但品牌并不能与品质完全画等号，因为很多品牌都有各种不同档次系列酒款。另外，葡萄酒的魅力也在于品种产区的多样性，实在没必要守着几个品牌天天喝，那真的是会错过太多美酒了。我一向是主张大家多尝试，多去参加一些品酒会，或者朋友们私下组织一些品酒聚会。品牌并不重要，重要的是在可靠的渠道买得到，更重要的是你自己是真的喜欢喝。很多知名品牌酒（比如奔富），虽然名气很大，酒也不错，但是假的太多又很难区分，就连专业人士都会不小心买到假酒，其实得不偿失。只有多尝试之后，你了解了自己的口感，知道自己是更喜欢轻盈的？还是浓郁的？更喜欢干型的？还是甜型的？更喜欢果香的？还是橡木风味的之后，选择适合你口感的品种、产区和酿造方式的葡萄酒就好了，而这些信息并不难获得，酒款的介绍上都会写得很详细，有些酒甚至中文背标上都会写出来。

第三节

葡萄酒是否真的很"暴利"

　　每一次电视或者网络上传葡萄酒是一个暴利行业的时候，我真替做葡萄酒的人叫屈，越来越多的人和企业误认为葡萄酒是一个暴利行业，都纷纷投入到进口葡萄酒或者葡萄酒专卖的大军中，数据显示50%以上的葡萄酒企业的生命在3年以内，这是多么让人不可思议的一个数字，有电视节目中还曾播放某人因为做葡萄酒生意两年赚了多少多少钱的访问和介绍，业内的人士简直太明白是怎么回事了，但是如果让外行人看起来，真的会以为葡萄酒是个可以让你发家致富的行业，怪不得每年都有各种行业巨头涌入到葡萄酒的行业中。但我相信进来之后就会发现，葡萄酒其实并不是"暴利"行业，除非，你做的是假酒。

　　说实话可能会让人惊讶，但却是事实，卖葡萄酒还不如摆地摊的利润大，而且差远了。我们经常看到的那些地摊货也许只是几元钱进货的，但是却可以在街面上大摇大摆地卖到几十元甚至更多，还会让购买者觉得好便宜啊，像是占了多大便宜一样。

　　前文介绍过葡萄酒的价格因素，你会明白一瓶葡萄酒到你手上的价格都包含了哪些。另外，葡萄酒和其他商品不一样，他不像苹果手机一样，消费者多我多生产就行了，也不像橘子、香蕉、苹果，这片果园地方不够我另外再找一片就是了。世界上可以种植酿酒葡萄的地方并不多，而且每

年收成是多少，就只能酿造多少，再想多要也没有了，所以葡萄酒的价格都是很实在的。若有那种暴利现象，就如前文所说，是一些面对终端市场的商家因为信

息不对称，将50元进货价的酒卖到500元。所以，如果不是恶意的暴利，葡萄酒根本就不属于暴利行业。

其实目前中国的进口葡萄酒龙头企业年盈利都达不到10个亿。所以除了长城、张裕这两个国产大品牌，几乎看不到其他葡萄酒的广告上电视。但如果大家注意一下的话，白酒的广告可就非常多了，尤其是中央一台晚上7点《新闻联播》前后的广告，每年的广告标王，都能达到上亿甚至几亿元，不能说这些能买得起广告的就是暴利行业，但至少投得起广告的，都比葡萄酒盈利多。

第四节

我们的市场缺什么

缺认同

这里我没有说缺推广，缺普及，缺知识，是因为我感觉从本质上来讲，并不是缺少，而是大部分消费者自己觉得不需要，不想去了解葡萄酒或者更深入地掌握葡萄酒相关的知识。而葡萄酒产品因为信息严重不对称，导致了市场上会鱼目混珠进来很多假酒，或者以次充好的葡萄酒。

总结发现，大家对葡萄酒认同感较低最主要的原因有两点，第一是因为葡萄酒一直是一种舶来品的形象，展现在消费者面前的酒标又是千变万化的，外加一些自诩品酒师的人很容易把葡萄酒和喝葡萄酒描述成一种比较复杂的事物和事情，这种感觉就好像平常百姓逛街，路过一家看起来金碧辉煌奢侈豪华的店铺，里边所有事物看起来庄重而尊贵，并且看不见任何客户，这种时候，就算路过的人对这家店很好奇，但也只会在门外张望一下，并不踏入。

有的时候，葡萄酒文化，品酒，就会被一些人宣传成这个样子，正常的品酒会被塑造成应该怎样怎样去品，正常喝酒，会被批评道应该选什么什么酒去喝。甚至之前我组织酒会，会遇到很多非常感兴趣，但最终却没有来参加的朋友，后来问其原因，竟然是不敢来参加酒会，怕自己什么都不懂被笑话，不知道穿什么衣服，不知道葡萄酒的相关礼仪。他们被灌输了葡萄酒是个很难学会，很难靠近的事物或者文化，自觉高攀不起的爱好者们多数便会选择放弃。因为他们觉得了解葡萄酒，学会品酒是一件很难，很神奇的事情，我曾经经常在酒会上告诉大家，在座的任何一个人，只要经过很短时间并且很简单的训练，就可以掌

握如何品尝一口酒，就知道这酒应该值多少钱，而所有人都觉得不可能，不可思议，因为他们已经先入为主了一个思维就是：这个东西很难！从而导致了他们想要深入了解的兴趣和积极性受到影响。

第二个理由就是很多消费群体，其实消费的并不是葡萄酒本身，对于这部分群体来说，葡萄酒就是个媒介，他们在一顿酒局，或者在参加一次酒会的时候，关注的不是葡萄酒本身，而是可以通过喝酒认识那些人，办成那些事，达成那些自己想要达成的目的，甚至只会单纯地关注气氛好不好，而对于葡萄酒本身好不好喝，价格多少，是真是假，并不关心。因为无论是真是假或者是葡萄酒还是白酒，他们的关注点，并不在这个上面，葡萄酒对于他们来说，就是一个媒介，他们觉得没有必要去了解和掌握葡萄酒知识，也一样可以通过酒会或通过一次饭局，达到他们的目的。

所以，一个是不敢去了解，一个是不想去了解，都会是导致葡萄酒和葡萄酒文化被这部分人拒之门外的原因，不过我相信，随着葡萄酒文化的越来越广泛的普及，还是会有越来越多的人接受和愿意来了解葡萄酒和葡萄酒文化的。而当大部分消费者都更了解葡萄酒之后，相信会逐渐肃清市场上以假乱真和以次充好的葡萄酒。

第五节

葡萄酒的投资市场

　　由于葡萄酒市场的一度繁华，加之一些媒体对从事葡萄酒和投资葡萄酒利润方面的报道，让越来越多的人和企业开始涉足葡萄酒行业，进行葡萄酒投资。当然，也有相当一部分人是因为接触到葡萄酒之后真的喜欢上了葡萄酒，而后开始研究葡萄酒，变成了离不开葡萄酒，最终转行开始做起葡萄酒生意的。

　　有实力投资葡萄酒生意的人一般都是有一定市场资源、资产资源和社会资源的，葡萄酒的投资对于他们来说也算是比较低门槛的，所以他们可以很容易就进入葡萄酒这个圈子。现今在市场上，最常见的投资方式就是利用自己的人脉关系和社会资源，自己做代理商从国外进口葡萄酒。有些人利用自己的社会资源和人脉资源，开发了自己那个圈子的市场，做起量虽然不是很大但利润很高的进口葡萄酒生意，有些人将自己在其他领域的成功经验移植到葡萄酒生意上，有移植成功的，当然也有移植失败的。

　　曾经很多人问我，投资葡萄酒应该怎样去做？投资什么才能够赚钱？我个人认为赚钱与亏钱，失败与成功是由很多因素组成的，但"做什么"和"怎么做"并不是最重要的因素，"谁去做"才是最重要的，选对了"谁去做"那么"做什么"和"怎么做"方可迎刃而解。失败的原因有很多种，时机不佳、经济危机、产品不够好、市场没做到位、销售能力不足、团队没有经验等都有可能，但归根结底还是人员的问题。如同战场一样，在皇宫的军师再足智多谋，如果出征的大将无能的话，这场战争还是注定要失败，而选错将士，也依旧是人为的决策。所以进入葡萄酒这个行业（或者是进入任何行业）找到有能力的人去管理，才是最重要的。

　　对于葡萄酒行业而言，投资的方式也不仅仅只有做代理商一种，还有很多其他的渠道和方式，比如说葡萄酒期酒、葡萄酒基金、酒庄、专卖店、酒吧等，这些都是在"利用"葡萄酒赚钱，都算是在投资葡萄酒。

　　当然，对于投资者来说最看重投资回报率和投资的风险。不同的投资形式，回报率和风险也都是不同的，但是，千百年来投资的规律在葡萄酒中也适用——有付出才有回报，高风险高回报。曾经的期酒出现过只涨不跌的情况，除了个别因为随着陈年口感的改变而被罗伯特·帕克降分的葡萄酒之外，其他葡萄酒几乎是只涨不跌，曾经一度造成投资葡萄酒高回报零风险的假象。但真理不会改变，

当2009年份的葡萄酒被捧上天，而之后两年也都是好年份之后，形成的泡沫终于随之破灭，一些曾经被追捧的葡萄酒价格迅速下滑。现在没人敢说葡萄酒投资是没有风险的了。但另外一些人则认为，与其他行业相比较而言，葡萄酒投资依旧算是比较低风险的投资项目。

葡萄酒期酒 🍷⌐

期酒的概念，前文已经提到过了。期酒投资是目前国内最常见的一种葡萄酒投资，第一是因为门槛较低，投不起拉菲、拉图，也可以投一些三四级庄园的葡萄酒。并不是所有期酒，都那么天价，买不起太多可以少买一些，资金的压力就不会太大。第二，虽然期酒回报的周期较长，但是期酒投资并不占用你太多时间，如果你要是投资酒庄、现酒或者酒吧之类的都需要占用你很大一部分时间（甚至是你全部的时间），但是期酒投资从保存到运输都由酒庄和供应商安排，你可以继续你的事业或者工作，不会有任何影响。第三，现在期酒投资的市场操作已经很成熟，风险相对较低，对于一些爱酒人士来说，购买的好酒即便将来没有渠道卖掉，自己把它喝掉也是非常值得的，因为你可能喝掉的是一瓶价值5000元的酒，而你却只用2500元就买到了。

　　网络上有这样一组诱人的数据："投资法国波尔多地区的10种葡萄酒，3年的回报率为150%，5年的回报率为350%，10年回报率为500%，而1982年份的拉菲更是创下了10年涨幅约850%的纪录，同一时期黄金价格的涨幅仅有4倍"。

　　看完这组数据大部分人会跃跃欲试，但是，它并没有写明是哪10种葡萄酒，事实上也并不是所有波尔多期酒在过去的10年中都是这个回报率。另外，在计算成本的时候也不能只计算你购买期酒所投入的费用，还要加入很多其他成本，比如存放、保险、汇率、运输和破损的风险等，最后还要考虑你是否有渠道把它销售出去。如果你不是爱酒之人，如果你不懂得品鉴葡萄酒，如果你只把葡萄酒投资当作是赚钱的工具，那么你一定要有销售的渠道，不然，再好的酒存放在你家中也毫无意义。

葡萄酒基金

　　葡萄酒基金与期酒比起来还颇为少见，尤其是在中国很多人还不知道有葡萄酒基金这种投资的。葡萄酒基金在欧美比较流行，在中国香港也可以操作，不过在内地只是刚刚起步，仅有一些葡萄酒巨头，如中粮集团和张裕，会涉及葡萄酒基金的项目，但也只是针对小众人群开放。我对金融不甚了解，只知道这种投资风险较大，涉及金融方面需要考虑的问题较多，包括缴纳手续费以及汇率等原因。

葡萄酒酒庄

　　投资酒庄，可以是购买已经运营的酒庄，也可以是自己建造酒庄，但是无论哪一种皆是过亿元的投资。尤其是建造酒庄，葡萄要种植差不多5年后才可以酿酒，30年后才开始产出高质量酿酒葡萄，这绝对是一个漫长的回报过程。所以与在国内建造酒庄的人相比，在国外购买酒庄的人更多，比如说大家都知道的赵薇。当然除赵薇之外，还有很多演艺圈的艺人也都拥有自己的酒庄。而除开这些艺人不谈，现在在法国、美国、澳大利亚收购酒庄的人中，中国人占了很大一个份额，曾有一个加利福尼亚州的地产中介说，他们负责出售的一家加利福尼亚州酒庄，来询问收购的人中有20多位都是中国人。我一个朋友，他留学去澳大利亚之后家里便开始在当地投资酒庄，如今已经在澳大利亚两个产区购买了三个酒庄，并且还在继续与其他酒庄谈论合作项目。

当然不仅是个人，很多大的企业、集团也都有收购酒庄的行为，其中不乏国际知名集团，比如法国最大保险公司安盛集团收购了二级庄碧尚男爵，香奈儿收购了波尔多卡农酒庄。就在2015年，美的也收购了法国一家酒庄正式进入了葡萄酒行业。路易·威登公司也收购了酒庄并酿造自己品牌的葡萄酒，更将自己做品牌的一系列攻略转移到做葡萄酒中。

"我的祖先不仅喜欢饮用和收藏葡萄酒，还在闲暇时专程到访自己中意的酒庄，讨教葡萄酒文化，体验酿酒过程。路易·威登领悟到酿酒如同做人，用执着、热情、真诚才能酿出好的葡萄酒。家里饮用的葡萄酒大多是路易·威登先生亲自酿制。酿酒是路易·威登先生毕生的梦想"，这是路易·威登家族第五代传人西维尔·路易·威登（Xavier–Louis Vuitton）先生在西维尔·路易·威登品牌葡萄酒发布会上说的一段话。

所以投资或建造酒庄的，依旧还是小众人群，既然能够这么做了，必然也是

有实力有耐心等待回报的企业或个人。在国内有很多个人投资建造酒庄，比如前文提到过的陈泽义老师的酒庄和耿式酒堡，当然国内集团和企业投资的酒庄也不在少数，最著名的就是中信集团和罗斯柴尔德家族企业在蓬莱投资建设的"中国拉菲"。爱酒人士谁没有梦想过自己有一个酒庄呢，或者谁没有幻想过自己能和一个酒庄庄主或庄主的孩子结婚呢。

葡萄酒现酒投资——代理商、酒窖、专卖店

期酒、基金和酒庄都是一种长线投资，投资的都不是现酒。如果想要短期获得回报可以做现酒的投资，与其他商品一样，低价买入，高价卖出，赚取利润。可以做葡萄酒代理商、经销商，也可以开一个酒窖，做一个葡萄酒专卖店。

做代理商，利润空间不会太大，但可以发展二级、三级经销商，属于薄利多销型。相比较而言，自己做一个酒窖或者专卖店，量可能不会太大但是利润相对高一些。做代理商还需要经常出差参加各个展会，为自己代理的酒发展经销商。然而每一个代理商的产品是有限的，就算在国内的龙头代理商ASC精品酒业也不过就1500多个品牌，而这已经是品牌最多的代理商了。剩下一些小代理公司，多则代理几百款，少则十几二十款酒而已。

代理商翻来覆去接触的只能是公司代理的那些酒，对于有几百万个品牌的葡萄酒来说，实在是选择性太少了些，无法满足像我们这样的人。对于想做代理商的人来说，除了最重要的选好运营人员外，还要选好品牌、酒

款。毕竟产品才是一切营销的核心，如果没有差异化的受欢迎的产品所有营销都是事倍功半，而如果你有独特的产品则可以事半功倍，这个差别是很大的。至于差异化，可以包括酒瓶的形状、材质、酒标的设计、包装、高性价比、有特殊含义、有机等。现在各个酒庄也都意识到了这一点，出现了各种各样包装、酒标的葡萄酒，甚至还有公牛形状的、圣诞树形状等样式的酒瓶、有的还改变了酒体的状态，形成一种不透明的彩色混浊状。这些改变，都是为了抓人眼球，毕竟差异化也是最有力的竞争力之一。

就我自己而言，如果有一定的客户群或有一定的人脉关系，我会选择做一个酒窖经销商或者专卖店。如果做经销商或者专卖店，我会从各个代理商手里上万种品牌进行选择、调换。不过，做经销商是一定要靠人脉的，如果没有一定的客户资源和人脉关系，那么也请慎重考虑踏足这个领域。

除了做酒窖、专卖店之外，现在也有一批葡萄酒电商崛起（以也买酒为例），建造了葡萄酒网络专卖店。葡萄酒电子商务，投入并不比普通经销商专卖店少，相反投入会更多，他们的网络购买系统、维护、仓储、物流、人工等都会是一笔不小的投入，另外最重要的还有宣传，专业的葡萄酒网购平台不做大量的广告宣传是不会有人知道你的。

葡萄酒会所

会所一直都是高端消费的场所，一般是会员制，仅为会员提供服务，不对外开放。这些会所不仅消费高端，进入的门槛也很高，并不是所有人申请就可以加入的，这种会所的会员不仅需要缴纳高昂的会费，有些会所还会对申请入会的会员进行非常高要求的审核。所以能够入会的成员，不仅可以得到最高端、最私密的服务，同时，成为这种会所的会员也是一种社会地位和身份的象征。葡萄酒作为一种象征着高雅和品位的饮品，一直也都是会所的必需品。

随着葡萄酒的日渐流行，中高端会所的不断增加，以不同事物为主题的会所也日渐多了起来，现在很多老板都建造了以葡萄酒为主题的会所。有些人可能难以理解以葡萄酒为主题的会所都能做些什么，似乎有些单调无聊。但事实并非如此，围绕葡萄酒可以展开的事情有很多，除了单纯的品酒、讲座之外，葡萄酒还可以入菜，可以用来美容，做面膜、做SPA。除此之外，会所还可以有葡萄酒投资、收藏、旅游等诸多项目，从活动、到餐饮、养生、SPA、投资、旅游，葡萄酒几乎可以进入到一个高端会所的每个环节。只是，投资高端的葡萄酒会所与投资一个酒庄差不多，也需要很大的投入，高端的葡萄酒会所不仅需要在店内陈列如拉菲、拉图、罗曼尼这样的高端葡萄酒，各知名酒庄知名品牌的葡萄酒也必不能少，这样才能与会所等级相匹配。

第六章

时尚的葡萄酒

　　很多人把葡萄酒定义为"高雅""有品位"或是一种"奢侈"饮品，我个人认为葡萄酒也是一种"时尚"饮品，在葡萄酒业内工作的人也可以说是在时尚界工作的人。"时尚"是一种生活方式，一种自我展示方式，一种风格，葡萄酒也是如此。葡萄酒并不一定是那么"高雅"，它也可以很"时尚"地出现在我们的生活中。换一个角度来看，在各种时尚聚会、派对中，葡萄酒都是必不可少的元素，是时尚人群相互交流中必不可少的媒介，所以玩转葡萄酒，感受葡萄酒的时尚生活，才能更好地理解葡萄酒，更好地享受生活中的葡萄酒。

第一节
葡萄酒生活

　　葡萄酒不是孤立的，它和我们生活中很多东西都有相通的地方，比如音乐、茶道，它也和很多我们爱好的东西有着相互的联系，比如漫画、游戏，它最常见的还是作为送给客户或是亲朋好友的礼品，它在我们的生活中扮演着各种角色，了解它在生活中可以扮演的角色，相信你会更加喜爱葡萄酒，你会发现，它就像是你生活中的一个亲密无间的朋友。

葡萄酒与音乐

　　已经有很多新闻中报道过音乐有助于提升葡萄酒的口感，乍看起来好像很难理解，但是换一种说法，不同的品酒心情可以影响到酒的口感是不是会容易理解一些。在做正规的品酒笔记时，会要求品酒人记录下是在什么时间，什么地点与什么人一起品尝的这款酒，其实这也就间接证明了很多外在的环境会影响到人的心情，也会影响到品尝葡萄酒时的感觉。这应该是已经被证实的事情，否则怎么会有欧洲的葡萄园里给葡萄放音乐的事情，在葡萄园、酒窖播放音乐，就像是一种胎教一样的。

　　试想一下这样的画面，在一个高档葡萄酒会所中的落地窗前，月光如注，美酒佳人，烛光闪烁，却没有音乐。或者另一种场景，欢聚的派对，人影交错，灯红酒绿，推杯换盏却没有音乐。无论是怎样一种场景，只要缺少了音乐就会觉得不和谐，甚至是不舒服的，所以说音乐对于人的影响是不容小视的。人的感官是需要共同协作相互影响才能和谐

的，视、嗅、触、品，自然也少不得听，听的感受也会影响到嗅觉、味觉，间接地影响到葡萄酒的口感。

曾经看到一篇文章，有大学的研究人员在一家高级餐厅进行实验，第一天播放古典音乐，第二天播放流行音乐，第三天不播放音乐，结果显示播放古典音乐的晚上大家会选择比较昂贵的葡萄酒，而流行音乐和没有音乐的晚上则较昂贵葡萄酒售卖效果不佳。人们在听到古典音乐的时候会觉得身处在一种有文化、高端、贵族般的环境下，不自觉的就有了一种选择昂贵消费品的倾向。虽然这种感觉来源于环境与音乐，属于短暂的冲动性选择，但对于推销葡萄酒的帮助还是蛮大的。

智利的蒙特斯（Montes）酒庄曾经赞助苏格兰爱丁堡的赫瑞瓦特（Heriot-Watt）大学的一个研究，针对葡萄酒的不同葡萄品种播放不同的音乐曲目，以找到最匹配的音乐。他们选用了来自蒙特斯酒庄的四个不同葡萄品种酒，分别为赤霞珠、美乐、西拉和霞多丽，而最后的实验结果如下：

适合赤霞珠的音乐：沿着瞭望塔（All Along the watchtower），酒馆女人（Honky Tonk Woman），生死关头（Live and let die），不会再上当（Won't get fooled again）。

适合美乐的音乐：坐在海湾的码头上（Sitting on the dock of the bay），简单（Easy）飞跃彩虹（Over the rainbow），心跳（Heartbeats）。

适合西拉的音乐：今夜无人入睡（Nessun Dorma），奥里诺科河（Orinoco Flow），火之战车（Chariots of fire），卡农（Canon）。

适合霞多丽的音乐：原子能（Atomic），爱和它有什么关系（What's love got to do with it），天旋地转（Spinning Around）。

就这样罗列出来大家可能并没有什么体会和感觉，也并不是很理解。因为研究的地点在国外，所以全部都是英文歌曲，我们并不是很熟悉，但是如果一首一首听下来，会发现每一个品种的那些歌曲都有些相通的地方。比如说适合赤霞珠的音乐都有一种爵士的感觉，而且歌词还都挺"悲壮"的，可以想象出画面是一个孤单的人在一个乡村爵士酒吧中独坐在角落里，一边听着音乐一边慢慢品尝着葡萄酒。而赤霞珠的特点也恰恰非常适合这样的情况，适合一个人的时间听一点音乐，想一点过去的事。

搭配霞多丽的音乐则大不相同，不仅歌的曲调更欢快明朗了些，而且歌词的含义也更欢快了一些，像是一群男女的聚会，穿梭在各种舞裙之间随着轻快的节拍扭动，哪怕是陌生人也都会轻松愉悦地打招呼、谈笑风生。

美乐的搭配音乐听起来有一点类似赤霞珠的感觉，但总的来说没有赤霞珠的音乐那么铿锵，柔和了许多，这也与美乐的风格相似。好的美乐也很强烈，但是口感上比赤霞珠更温柔一些，也少了那种特别惆怅的感觉，相比较独自斟酌，美乐更适合与一帮亲密无间的朋友坐在一起畅谈，愉悦而温馨。

配合西拉的音乐都是些很经典的著作，其中卡农（Canon）应该是大家很熟悉的，而《火之战车》（Chariots of Fire）这首曲子也是电视上经常用作背景音乐的曲子，都是柔美中带着一种高昂的气势，搭配西拉这种辛辣又有点霸气的葡萄酒相得益彰。

在中国可能还没有人去给这些葡萄酒搭配对应的音乐，也许是因为可配的很多，重点还要看大家各自的喜好，选择自己喜欢的音乐，搭配自己喜爱的葡萄酒才能满足自己的口味。如果让我选择一些中文歌曲来配的话，大概会做出如下选择：赤霞珠我会选择张学友的《一千个伤心的理由》，刘德华的《冰雨》，陈奕迅的《十年》，还有《见或不见》；美乐的话可以试试凤凰传奇的《荷塘月色》，王菲、陈奕迅的《因为爱情》，曲婉婷的《我的歌声里》，梁静茹的《分手快乐》；霞多丽可以选择蔡依林的《迷幻》《日不落》，杨丞琳的《仰望》，李玟的《滴答滴》，林忆莲的《铿锵玫瑰》；西拉可以配经典歌剧曲目，也可配一些中国流行的音乐，例

如张杰的《Stand up》，刘惜君的《我很快乐》，宋祖英的《辣妹子》，王菲的《传奇》，张学友的《吻别》等。

　　当然你也可以根据个人的喜好，为葡萄酒搭配适合自己的音乐。

葡萄酒与茶

　　在中国与西方葡萄酒文化相像的不是白酒文化，而是茶文化。茶文化在我国有着悠久的历史，曾发现于《神农百草经》，在我国有记录的葡萄酒的文献中也同样记录着不少我国茶的文化、茶的历史。但与葡萄酒不同的是，茶起源于中国也传承了下来，变成了中国人日常生活中重要的一个组成部分，俗话说，开门七件事，柴米油盐酱醋茶，可见饮茶在我国的普遍性和重要性。

　　葡萄酒与中国的茶不仅在本质上有惊人的相似之处，还在文化、种类和品鉴方式上都有类似的地方。

　　一直都说葡萄酒是天时地利人和的综合产物，而葡萄酒的质量70%来源于葡萄本身，葡萄的质量则绝大部分由天意决定。茶叶中质量基本看天意的，那恐怕就要说普洱茶了，无法左右出产质量这一点可以说是两者最根本的相似之处了。

　　此外从文化上来说，葡萄酒文化和茶文化都属于饮食文化范围，西方国家喝葡萄酒是他们的生活习惯，这种习惯就如同我们中国人喝茶。一般到了餐厅服务员会先问："请问要什么茶水？菊花？普洱？铁观音？"餐具收费有的地方也被直接称作"茶位费"，因为每桌客人到了餐厅都是先点茶。与中国的茶文化一样，在西方很多餐厅，服务员会问客人要一杯什么开胃酒，"Riesling or Rose（雷司令还是桃红）？"西餐一般都会以一杯干白或者桃红开始，或许当地人也根本没有要葡萄酒配餐的打算，但是坐下来就要一杯雷司令或者一杯桃红酒已经成为他们的习惯。就如同中国饭店中的茶，你真的打算要喝茶了吗？没有！没有那壶茶行不行？行！但是因为这已经是我们生活中的一种习惯。那你懂不懂茶呢？懂的人绝对是少数！那些顿顿喝葡萄酒的外国人一定都懂酒吗？同样也不是。我们不懂茶但是喝茶，就如同他们不懂酒但是喝酒一样。

　　在分类方法上，葡萄酒与茶也是非常相近的。葡萄酒的种类前文提到过有三种不同的分法，让我们来看看茶叶是否也有着相同的种类类别。葡萄酒按照颜色分为三种"白葡萄酒、桃红葡萄酒和红葡萄酒"，而茶叶也可以按照颜色，分为绿色、黄色、红色、褐色不同的颜色（我国的茶叶分类上，将其归为六大类：绿茶、红茶、白茶、乌龙茶、黄茶、黑茶）。仔细来看绿茶的颜色接近于非常新鲜年轻的白葡萄酒的颜色，黄茶的颜色则类似于成熟白葡萄酒的颜色，红茶的颜色则类似于桃红葡萄酒和红葡萄酒，连颜色都是那么接近。

再从类型上来分，葡萄酒分为干型葡萄酒、半干型葡萄酒和甜型葡萄酒。而茶叶也分为不同的种类，比如全发酵茶、半发酵茶和不发酵茶。

从品鉴方式上来看葡萄酒和中国茶相似的地方就更多了，首先从用具上来看，品酒需要有很多酒具辅助，比如说醒酒器、酒杯、开酒刀、倒酒片、酒塞等。而品茶也有茶具，包括茶壶、茶杯、茶匙、茶漏等。与品酒一样越讲究的人这些东西越多，但是若没有这些随便拿个杯子也是照样喝，跑去快餐店拿个纸杯喝葡萄酒的也大有人在。在品鉴的步骤上也是一样的，品酒三步，看颜色、闻香气、品口感回味；品茶也是如此，先要观察颜色，再闻香气，喝下后慢慢品味茶香的回味，整个过程都与品酒相同。在口感上虽然一个是酒精饮品一个是热茶，但是它们都有一个物质——单宁。葡萄酒中含有来自葡萄皮和子的单宁，葡萄酒需要成熟而不粗糙的单宁带给品尝者一个平衡的口感，茶中也同样含有单宁，同样需要柔顺的单宁。而葡萄酒高温发酵或者浸渍时间过长后会出现过涩的单宁，茶叶在浸泡过久之后，也会出现苦涩的单宁，这两种单宁都会影响到葡萄酒和茶在口中的口感。

　　另外从饮用的时间和温度上来看它们也有着惊人的相似之处。不同的葡萄酒拥有不同的寿命，不同种类的葡萄酒保存的时间也是不同的，白葡萄酒适合年轻时（年份比较短时）饮用，而饱满浓郁的红葡萄酒则适合陈年时饮用。茶也是如此，有些类型的茶适合尽快饮用、有些类型的茶则适合陈放一段时间后再喝。从温度上来看不同的葡萄酒需要不同的饮用温度，白葡萄酒需要冰镇或冷却之后饮用，红葡萄酒则在常温的情况下饮用，而不同的茶叶对于冲泡的水温也有不同的要求，有些茶叶适合用较开的水冲泡，有些茶叶则适合用温水冲泡。并且葡萄酒与茶叶都需要在阴凉、通风、无异味的条件下储存，并且都要在一定的温度、湿度环境下存放。

　　茶文化与葡萄酒文化有如此多的相似之处，所以在接触了解葡萄酒之后，品鉴葡萄酒也并不像大家想象中那么难，葡萄酒虽然是舶来品，甚至曾经作为奢侈品出现在大家面前，但是葡萄酒的出现就是为了满足人们日常生活所需，葡萄酒的酿造就是为了日常佐餐。

　　如今葡萄酒在中国越来越大众化，也有越来越多价格低廉的葡萄酒出现在生活中，与茶叶一样成为大众消费品，只不过需要提醒大家的是，虽然葡萄酒与茶叶有如此多的相似之处，但葡萄酒终究还是含有酒精的饮品，是不适宜与茶叶同时饮用的，喝完酒也不可以用茶叶来解酒，这是不科学的，甚至是对身体有危害的。由于酒后不能开车，还是建议大家白天饮茶，晚上到家了或者不需要开车的时候再饮酒。

葡萄酒小礼品

　　拜访客户、礼节礼品、生日祝寿等情况，用葡萄酒作为礼品一直是比较合适的，健康、体面、又显得比较小资，尤其如果是带去某个饭局，被送方还可能会当场打开了给大家一起品尝，毕竟葡萄酒也是一个媒介，适合与大家分享。

　　给喜欢葡萄酒的人送礼，除了葡萄酒之外还可以送一些葡萄酒相关的物品，比如说一些酒具或者一些跟葡萄酒有关的东西，品酒笔记本，或包装得像红酒一样的毛巾，抑或外形像冰酒一样的雨伞，酒瓶形状的灯都是不错的选择。

第二节

葡萄酒派对

喜欢葡萄酒的人一定会喜欢去各式各样的品鉴会或晚宴等葡萄酒派对，也更会喜欢自己组织一场品酒会与朋友们一起分享美酒时光。我曾约一位喜欢葡萄酒的朋友来参加会所举办的酒会，她说非常感兴趣，非常想要去参加但是却有点紧张。我大为惊讶，按道理说参加酒会紧张的往往是我这个组织者、操办者，怕酒出问题了、怕温度不合适、怕到时候下雨、怕食物配错、怕言语不当、怕来的人对活动不满意等，从我的角度不知道多羡慕那些来的客人可以无忧无虑地品酒，还从未听说有客人会紧张的，后来有机会接触到更多的葡萄酒爱好者，发现其实有很多朋友不是不想去品酒会，而是因为从来没去过，不知道品酒会是什么样子的，不知道去了之后需要做一些什么，生怕自己会出丑，所以在这里给大家介绍一些关于葡萄酒酒会的形式和可能会需要注意的一些地方。

酒会的形式有很多，很多时候大家参加的是公司或者某个协会组织的品酒会，那么主题自然是宣传该公司或者该协会的葡萄酒，但除此之外还有很多形式的品酒会，这里给大家介绍10种比较常见的酒会。

酒会准备

十大主题品酒会

水平品酒会

水平品酒会是品尝来自同一个年份但是不同酒庄的酒。水平品酒会的目的是让大家对同一年份不同酒庄的葡萄酒进行对比，挑选哪个酒庄的哪一款酒表现得最为优秀。虽然这是最经典的品酒主题之一，但实际上大家有机会参加水平品酒会的机会并不多，原因在于目前在中国市场这种酒会的大部分组织者还是商家，但商家很少会组织这样的品酒会，除非是特别想要推荐某一个酒庄的某款酒，而且十分确定在众多的酒款中要推荐的那款酒会获胜。

垂直品酒会

与水平品酒会相反，这是选择同一个酒庄但是不同年份的葡萄酒进行品鉴。目的是让大家全面的品位该酒庄出品的酒款，并进行不同年份的对比，让大家了解年份对葡萄酒的重要性，体会年份带给葡萄酒口感上的影响。相比水平品酒会，垂直品酒会相对要常见一些，尤其是一些高端的法国名庄酒，不同年份的酒在酒界的地位相差很多，彼此的价格也相差很多，垂直品酒会可以让大家细细体会不同年份的差别之处，是一种非常奇妙的体验。

品种品鉴会

品种品鉴会是选择各种单一品种酿造的葡萄酒进行对比品鉴，目的是让大家深入体会不同葡萄品种的香气和口感风格，了解不同葡萄品种的巨大差异，体会和发现自己更喜爱的品种。刚接触葡萄酒不久的朋友建议多参加以品种为主题的品鉴会，了解不同品种的特性。可以说这是走进葡萄酒世界，走进品酒世界的第一步，葡萄酒的一切神秘面纱从葡萄品种这里向你揭开，只有首先揭开了品种这层面纱，才能开始逐渐清晰地挖掘葡萄酒更深的魅力。比较常见的红葡萄品种有：赤霞珠、黑比诺、美乐和西拉。白葡萄品种有：雷司令、长相思、霞多丽、维欧尼（很多酒会会用灰比诺，但是我个人喜欢将灰比诺替换为维欧尼，原因是维欧尼的品种特征更加明显，更容易让品鉴者体会到不同葡萄品种的差异）。

产区品鉴会

产区品鉴会是以产区为主题进行葡萄酒的对比品鉴，可以分为同一个产区的不同葡萄酒品鉴和不同产区的同种葡萄酒对比品鉴两种形式，无论是哪一种目的都在于让大家体会到不同产区给葡萄酒带来的不同风味。产区可以小到一个小村庄，也可以大到一个国家，品尝来自同一个产区的葡萄酒也是为了深入了解这个产区葡萄酒的风格。大家参加产区品鉴会的机会较为多一点，比如酒商或者某个产区的葡萄酒协会经常会组织同一个国家的葡萄酒或同一个产区的葡萄酒品鉴会，让大家全面了解该国家或产区的葡萄酒，比较常见的如随时随意波尔多、加利福尼亚州品鉴会、澳大利亚A+葡萄酒品鉴会等。

彩虹式品鉴会

彩虹式品鉴会在国内也会时常见到，是品鉴来自一个酒庄出品的各种葡萄酒或来自同一个酿酒师酿造的不同葡萄酒，因为一个酒庄或者一个酿酒师出品的葡萄酒往往是从干白到甜白到桃红到红葡萄酒各种颜色的，依次排开各种颜色就像是一道彩虹，所以也被称之为彩虹式。在国内彩虹式品鉴会多见于某个酒庄的品鉴会，多以酒配餐或晚宴的形式出现，目的是为了让大家全面地了解该酒庄的各系列葡萄酒。而在国外有一些久负盛名的酿酒师很受当地人的追捧，所以品尝某个酿酒师酿造的葡萄酒的主题也很受欢迎。

计价品酒会

计价品酒会品鉴的葡萄酒都会在同一个价格区间（价格上下差别不会超过10%），计价品酒会就是要将同一个价格的不同葡萄酒进行水平品鉴比较，以此挑出性价比较高的葡萄酒。这种类型的品酒会多以自带酒的形式，大家各自带一瓶酒来互相分享品尝，举办者为了不会有失偏颇规定一个价格范围，大家都挑选这个价格范围中的葡萄酒。商家或者协会很少组织这一类型的品酒会。

品鉴会

盲品酒会

盲品应该是大家经常听说的，

一些人看到盲字会误认为是要把眼睛蒙起来仅仅通过嗅觉和味觉来辨认葡萄酒。而事实上盲品一般是指将酒的资料掩盖起来，不让大家看到酒标和酒瓶上的其他信息，也不会告诉品酒者关于葡萄酒的任何信息（甚至包括价格），仅仅通过对葡萄酒进行的品尝来判断葡萄酒的品质甚至是来历，盲品是一种比较高的品酒境界。在国内盲品酒会多半是为了进行葡萄酒的评选，比较正规的葡萄酒大赛中会将所有参赛的葡萄酒酒瓶用盲品专用的酒布袋或者用锡

纸包好，在不知道酒的任何信息的情况下进行评比选出口感最好的葡萄酒。这种盲品比赛最出名的恐怕就是美国酒和法国酒在巴黎的那一场盲品比赛了，让美国纳帕葡萄酒大出风头。不过现在国内一些所谓的盲品葡萄酒比赛其实水分很大，在此就不予评论了。

酒杯品鉴会

酒杯品鉴会中酒是配角，换杯子当主角。是将同一款酒换不同的杯子进行品鉴，是为了感受当杯子不同时酒的香气和口感的变化，从而了解使用正确杯子的重要性。最专业的杯子不仅仅是根据葡萄酒的颜色而区分，而应是通过不同的葡萄品种而区分，现在市场上能买到的杯子中，对应红葡萄品种的有：波尔多杯、勃艮第杯、设拉子杯；对应白葡萄品种的有：雷司令杯、霞多丽杯。当然也有其他品种的杯子，不过平时品鉴的话有波尔多、勃艮第、雷司令和霞多丽杯子就够用

了，市面上有关杯子的品鉴会也大都是这四款杯型进行品鉴，如果有机会参加酒杯品鉴会的话，可以同时尝试一下将酒倒入纸杯、塑料杯和普通水杯中进行比较，你会惊讶酒在香气与口感上的变化，这会是一次很不错的体验。

酒配餐品鉴会

酒配餐主角还是葡萄酒，但是会搭配不同的食物，从而通过亲身体验美酒与美食搭配的妙处，找出不同的葡萄酒适合搭配的食物。以配餐为主题的品酒会在国内市场有许多，很多酒会就算不是以配餐为主题，也都会搭配小食供参会者品尝，大家可以在品尝小食的同时喝一口葡萄酒，感受一下酒与小食搭配时在嘴中的感觉。葡萄酒是最佳的佐餐酒，就是为了配餐而生的，体验酒与不同餐点的搭配非常有助于了解葡萄酒。

葡萄酒晚宴

葡萄酒晚宴也是以葡萄酒为主题，不同的酒搭配不同的菜肴。葡萄酒晚宴多属于比较高端的一种品酒形式，菜肴多以西餐的菜式为主，所以从餐前开胃菜开始，每一道菜都会搭配不同的葡萄酒，从开胃酒、清爽干白、橡木风格干白、柔顺干红、浓郁干红、到最后甜点时配的甜酒。葡萄酒晚宴可以把各种不同风格的葡萄酒都品尝到，同时也可以体会各种不同葡萄酒与不同美食的搭配。在国内这样的葡萄酒晚宴也有很多，一些代理商、酒商或者高端会所都会定期举办这种高端的葡萄酒晚宴，只不过可能费用要高一些。

除了以上十大品酒会还有一种比较常见形式，一群认识的葡萄酒爱好者之间可以定期组织自带酒品鉴会，这种品酒会在葡萄酒爱好者之间比较流行。大家都是喜欢葡萄酒的朋友，都喜欢去尝试更多的葡萄酒，不过毕竟资金有限，加上一瓶酒一个人一次喝不完，不如大家聚在一起，

五六个至十几个人，每人带一瓶酒互相品尝，相当于是花了一瓶酒的价钱品尝了十几款葡萄酒，还可以和朋友们聚会交流，是一个非常愉快的享受过程。这种自带酒品酒会也可以采用上面的任何一种主题，给大家带的酒定一个范围，这样既添加了乐趣又不会因为酒的情况相差太多而有失偏颇。

参加酒会十大注意事项

去参加一个品酒会，需要注意哪些事情呢？很多朋友都有担心，怕做错一些事情，怕被懂酒的人笑话。首先，在国内说的上真正懂酒的人其实真的不多，不是说去了酒会就代表是懂酒的，虽然说去酒会的人多半是因为喜欢葡萄酒，但喜欢不代表就是懂，甚至有些酒会主办方的人都不见得有多懂，所以大可不必有那么大的心理压力。其实，真正紧张的是主办方，你要去做的只是娱乐、品酒、交朋友、享受这个过程就好。如果非要说，那只需要注意以下十个问题就可以了。

着装，选择正装和颜色较深的衣服

一般品酒会不会有特别的着装要求，有一些品酒会因为场地和酒会的气氛会特别标注来宾需着正装出席。所谓正装，男士大体就是西服、衬衫，可以是休闲款式的，最好不要穿职业正装或牛仔之类的休闲装。女士可以穿晚礼服，但不需太夸张，毕竟不是去走红毯。另外，在葡萄酒酒会上最好选择颜色较深的礼服，这样如果万一酒或者食物掉落在衣服上也不会看起来太明显，事后也不太难清洗。白色的衣服沾上了红酒之后，如不及时清洗，红酒渍会很难洗掉，所以尽量选择深色的衣服。

妆容，不要化过于浓艳的妆

品酒会一般需要吃吃喝喝的，过于浓的妆，尤其在嘴唇上，一层护唇膏，一层口红一层唇彩的，不仅吃食物的时候会将这些化学物质带入体内有害健康，喝酒的时候更会在酒杯上留下口红印，不仅难清洗，也是很不礼貌的行为。如果你是一个不化妆就不能出门的人，那么请至少不要化浓唇妆。

香水，无论男士女士都不可以喷香水

这或许是与其他宴会最不一样的地方，在葡萄酒品鉴的过程中不可缺少闻酒的香气这一步骤，如果喷了香水不仅会让自己无法闻到葡萄酒真正的香气，同时也会影响到身边的人。一些香水，走出十米之后还可以闻到香味，这样的香水会严重地影响到其他人品鉴葡萄酒，这也属于非常不礼貌的行为。

握手，勿用湿冷或刚刚触碰过食物的手与人握手

酒会其实是一个社交平台，很多人来酒会除了品酒之外更想多认识一些朋友，新结识的朋友见面握手是很寻常的礼节，但酒会上的一些鸡尾酒或者白葡萄酒通常是冰镇过的，杯壁上会有湿冷的水珠挂在上面。另外酒会上也通常会有一些搭配的水果、饼干或者蛋糕之类食品，都是可以用手拿着吃的，所以这些时候一定要注意，不要用湿冷或者刚刚触碰过食物的手与人握手，通常人的习惯是右手握手，所以尽量用左手拿杯子和食物。

目光，不要在交谈时东张西望

有些时候，或许你在等待朋友，或许是看到了更重要的人，会造成与人交谈的时候不自觉地东张西望，像是怕错过谁一样，但这是很不礼貌的行为，会让对方感觉你不是很尊重对方。所以交谈时需要正面交谈，如果需要走开可以直接说明，然后再离开，这也是很正常的事情，毕竟不可能一场酒会从头到尾都是跟一个人交谈。

取餐，不要霸占餐点桌

酒会搭配的小食通常是分阶段、分时间上的，多会在吃完后再进行补充。在酒会上经常会遇到一些人感觉就像是来专门吃东西的，一有餐点上来便扑上去一阵风卷残云，好像生怕别人抢走一样。这也是非常不礼貌的行为，这种酒会的礼仪与自助餐差不多，少拿多次，拿完就离开，不要霸占着餐点桌不走。

聆听，主人讲话时不要与他人聊天

一般酒会上都会有主持人开场、一些领导讲话或者一些品酒师讲解的环节，在这个时候无论对方讲的内容对于你来说有没有用，出于礼貌和尊重都不要在人家讲话的时候与其他人聊天。我曾经参加过一场酒会，一位来自国外的酒庄大使正在做介绍，可能是因为说英文有的人听不太懂，下面距离大使不到5米的一桌人已经开始站起来敬酒了，而且声音还非常大，这是非常不尊重人的行为。如果酒会中有必须要接打的电话，可以出去再接，切勿在有人讲解的时候，与他人大声聊天。

交谈，切勿大声喧哗，尽量不要干杯

就算没有人讲话了，在酒会这种场合也是不可以大声喧哗的。葡萄酒会中尽量不要总是见了面就与人家干杯，葡萄酒是需要细细品鉴的，尤其在品酒会中，很多人并不想干杯，只想慢慢喝，多尝试几款。况且干杯时往往情绪都处于比较激动的状态，容易让人说话音量增大，动作幅度变大，这都是不适合在酒会中出现的。

切勿抽烟

烟的味道会严重影响到酒的香气，同时让周围的人吸二手烟也是非常不礼貌的行为，如果酒

会没有特别指定吸烟区的话，可以去室外或者无人活动的场地抽烟。假如一定要抽烟，也千万不要将烟灰弹到地毯上，更不要用酒杯当作烟灰缸，需要时可以向服务员索要。

尽量不要开车

酒后驾驶、醉酒驾驶都是违反交规的，同时也是非常危险的行为。为了可以尽情品尝，没有顾虑，所以参加酒会最好不要开车。一些高端酒会的主办方会安排有接送的服务，普通一些的酒会也会有酒会后代驾的服务。如果没有代驾的话也可以坐公交车或者打车回家，这样既安全又快捷。

了解了这十点，就可以放心大胆地去参加酒会了。而对于不了解葡萄酒这一点其实完全不必放在心上，很多去酒会的人都是不了解葡萄酒的，这很正常。

第三节

你是葡萄酒达人吗

买这本书的很多读者朋友是不是想成为葡萄酒达人，作为葡萄酒达人还需要具备哪些特质？对照一下自己，如果你能同时满足下面的三项，你就是比较专业的葡萄酒爱好者了，如果能满足五项，你就能称得上是葡萄酒达人！若你全部都做过，那你不仅仅是一位骨灰级葡萄酒爱好者，而且应该很有经济实力！

制作品酒日记

购买或者自己制作一本品酒日记本，随身携带，将每一次在家中或者在外面品尝的酒都记录下来，这样不仅有助于训练品酒的能力，还可以记录下自己品过的酒款，记录下自己品酒的感受。这些品酒记录可以成为宝贵的资料，如果每一次喝酒都是一喝而过，不知道自己喝的是什么，不去细细体会酒的口感，或者随便找张纸记录一下，无法收集到一起，恐怕日后回忆起都会觉得可惜！如果没有那种专业的

专用品酒笔记本

品酒日记本，买一个可以放在背包里随身携带的小本子，品酒时做一下记录就够用了！

收集酒标与酒塞

很多葡萄酒爱好者都喜欢收集酒标、酒塞，还有酒瓶锡盖。有一位居住在雅典的女士已经收集了16349张不同的葡萄酒酒标，来自50多个不同国家的葡萄酒，并因此获得吉尼斯世界纪录。不过相对于酒塞和锡盖，酒标还是不那么容易收集的，

酒标贴

因为市场上很难买到那种专用的酒标贴纸（可以轻易地将酒标粘下来收藏），所以只能用水泡酒瓶，将酒标泡下来，难倒是不难，只不过略有些麻烦而已，但相比较连酒瓶都要收藏的，只留下酒标算是方便多了。收藏酒塞也是很多爱酒人的喜好，顶级葡萄酒的酒塞上都有酒庄的图案或是文字，一些普通酒的酒塞上也会有类似的文样，所以收集酒塞也就是知道自己都喝过哪些酒。但更多的时候酒塞被作为一种艺术品收集，收集的酒塞可以用来做出各种造型，作为家庭或者酒窖的装饰地非常别致。还有很多人喜欢收藏葡萄酒酒瓶封瓶处的锡纸盖，开瓶时将锡纸盖完整的用刀割下，按平后收集在一起也是一个不错的收藏。

学习葡萄酒用语

　　掌握一些与葡萄酒相关的用语，尤其是酒标用的英语，对了解葡萄酒有非常大的帮助和作用，了解学习葡萄酒用语，并不需要去上什么学习班或者培训课程，上网用搜索引擎都可以查找到，甚至已经有了各种分类，比如意大利酒标常用单词、西班牙酒标常用单词、法国酒标常用单词等，还有按照口感描述常用单词、发酵酿造常用单词、香气描述常用单词等都非常容易找到。这里给大家总结了一小部分，可以用来了解酒标上的文字意义。

意大利葡萄酒酒标常见词

Denominazione di Origine Controllata（DOC.）：法定地区餐酒。

Denominazione di Origine Controllata e Garantita（DOCG）：保证法定地区餐酒。

Classico：表明是法定产区（DOC）的核心产区生产的葡萄酒，通常是来自最好产地的最高品质的葡萄酒。一般用在地名的后面，如Chianti Classico DOCG。

意大利葡萄酒酒标

Riserva：意思是在酒厂中经过了一定期限的陈年（分为橡木桶陈年和瓶储陈年两个阶段），是符合当地法律规定的葡萄酒才可以使用的酒标词汇。意大利人的葡萄酒如果标着Riserva，就意味着已经成熟，不需要等待。

Imbottigliato nello stabilimento della ditta：葡萄酒公司酿制装瓶的，而不是由葡萄园酿制装瓶的。

法国葡萄酒酒标常见词

Appellation ×××× Controlee：法定产区等级葡萄酒，简称AOC。通常在 ×××× 加入被认定为AOC酒的地域名，例如Appellation Bordeaux Controlee指的就是波尔多的AOC酒。

Blanc：白葡萄酒。

Chateau：城堡酒庄。

Cave cooperative：合作酒厂。

Cru：葡萄园。Grand Cru Class 最优良的特等葡萄园中的"高级品"。Grand Cru：最优良的特等葡萄园。Premier Cru Classe 一级园。Cru Exceptional 特中级酒庄，Cru Bourgeois 中级酒庄。

Domaine：独立酒庄。

Mis En Bouteille：装瓶。

Negociant：葡萄酒中介商。

Proprietaire recoltant：自产葡萄、酿酒的葡萄农。

Premier cru：次于特等葡萄园但优于一般等级的葡萄园。

Sec：干型葡萄酒，不含糖分。

Demi Sec：半干型葡萄酒，含些微糖分。

Brut：极干的香槟酒，不甜。

Doux：甜葡萄酒。

Rouge：红葡萄酒。

Rose：桃红酒。

VIN：葡萄酒。

VDQS：优良地区餐酒。

Vin de Pays：地区餐酒。

Vin de Table：日常餐酒。

法国葡萄酒酒标

西班牙葡萄酒酒标常见词

Vino de Cosecha：年份酒，要求用85%以上该
年份的葡萄酿造。

Joven：新酒，葡萄收获来年春天上市的酒。

Vino de Crianza或者Crianza：这表明在葡萄收获年份后的第三年才能够上
市的酒，需要最少6个月在小橡木桶内和两个整年在瓶中陈年。在里奥哈（Rioja）
和斗罗河谷（Ribera del Duero）地区则要求最少1年
在橡木桶内和1年在瓶内的陈年时间。

Reserva：最少陈年3年的时间，其中最少要在
小橡木桶内陈年1年。对于白葡萄酒来说要求最少陈
年2年的时间，其中最少要在小橡木桶内陈年6个月。

Gran Reserva：需要得到当地政府的许可。要
求最少陈年5年的时间，其中最少要在小橡木桶内陈
年2年。白葡萄酒中Gran Reserva是极为罕见的，
要求最少陈年4年的时间，其中最少要在小橡木桶内
陈年6个月。

Vino de Mesa（VdM）：餐酒，相当于法国的
Vin de Table（日常餐酒）产地名称。

西班牙葡萄酒酒标

Vino comarcal（VC）：地区级葡萄酒，相当于法国的Vin de Pays（地区餐酒）。全西班牙共有21个大产区被官方定为VC。酒标用Vino Comarcal de+产地来标注。

Vino de la Tierra（VdlT）：西班牙葡萄酒，相当于法国的VDQS（优良地区餐酒），酒标用Vino de la Tierra（产地）来标注。

Denominaciones de Origen（DO）：高档葡萄酒。相当于法国的AOC（法定产区酒）。

Denominaciones de Origen Calificada（DOC）：高档葡萄酒，类似于意大利的DOCG（保证法定地区餐酒）。

德国葡萄酒酒标常见词

Qualitatswein bestimmter Anbaugebiete（Q.b.A）：优质葡萄酒。

Qualitatswein mit Praikat（Q.m.P）：著名产地优质酒。

Landwein：地区乡土葡萄酒，德国普通佐餐酒，等同于法国VDP（地区餐酒）级别。

地名+er：表示~的或来自的意思，例如Kallstadter Saumagen即表示，该酒产自位于Kallstadter村庄，名叫Saumagen的葡萄园。

Abfuler：装瓶者。

Anreichern：增甜。

Erzeugerabfullung：酿酒者装瓶。

Halbtrocken：微甜。

Herb：微酸。

Jahrgang：年份。

Jungwein：新酒。

Sekt：起泡酒。

Trocken：不甜。

Heuriger：当令酒，类似新酒。

Kabinet：一般葡萄酒。

Spatlese：晚摘葡萄酒。

Auslese：贵腐葡萄酒。

德国葡萄酒酒标

Beerenauslese：精选贵腐葡萄酒。

Trockenbeerenauslese：精选干颗粒贵腐葡萄酒。

Eiswein：冰葡萄酒。

Qualitatswein：著名产地监制葡萄酒。

Tafelwein：日常餐酒，相当于法国的VDT（日常餐酒）。

浏览专业葡萄酒网站 ▶━━┥

国际上有很多知名的葡萄酒专业网站，国内也有一些大型专业的葡萄酒网站，浏览这些葡萄酒网站，不仅可以全面了解葡萄酒的知识，也可以及时了解到国内外葡萄酒行业内的新闻信息。几乎关于葡萄酒的一切信息，都可以在这些专业网站上寻找到。

中国葡萄酒资讯网（http://www.wines-info.com/），是中国目前做的最大、内容最丰富、最专业、最全面的葡萄酒网站，网站内容涵盖了国内外新闻资讯、展会信息、酒会信息、葡萄酒业内招聘求职信息、葡萄酒公司资料库、葡萄酒相关新闻视频、纪录片视频、葡萄酒影视剧视频、藏酒、酒评、葡萄酒网上商城、葡萄酒产区、品种介绍、葡萄酒业界人物专栏、葡萄酒俱乐部、葡萄酒博客、旅游信息、侍酒师栏目、葡萄酒培训、论坛等全方位的信息和内容。很多板块都是目前在国内做的最大最全的，葡萄酒博客板块也是非常红火，很多业内大咖都会不时地在这里发表他们专业性的文章，很值得一看。

除了专业性葡萄酒网站之外，还可以浏览一些葡萄酒网络商店的网站，比如也买酒（http://www.yesmywine.com），时常浏览葡萄酒网店可以了解一些葡萄酒品牌的市场价格，不是说一定要在网上买，但是至少在购买的时候可以有一个价格的参照。

除了网站之外，作为葡萄酒达人，手机、平板电脑中一定要有葡萄酒APP，都可以更好的帮助你了解葡萄酒、玩转葡萄酒、分享葡萄酒。

阅读葡萄酒书籍 ▶━━┥

阅读葡萄酒书籍，是学习了解葡萄酒的必要步骤，虽然说网络上的内容很丰富，但内容毕竟比较分散，并且任何人都可以发表言论，出现问题的情况也有很多。阅读专业的葡萄酒书籍，可以更好地了解葡萄酒，了解葡萄酒与生活中息息相关的地方，每一本书都会有你之前未必了解的内容，都是一种学习和欣赏。在这里给大家推荐几本我觉得还不错的葡萄酒方面的书。

《神之雫》

葡萄酒漫画最出名的莫过于这套《神之雫》，虽然有点小贵，但是对于葡萄酒爱好者来说是非常值得的，后来被拍成一部电视剧叫《神之水滴》，在网络上可以找得到。不过看过原漫画的朋友都反映说电视剧少了部分感觉，与漫画相比差了很多。我个人也是这么认为，一些人物的个性会在电视剧中有些变化，而且剧情也比漫画少了些喜剧效果。

这本漫画讲述的是著名的葡萄酒评论家去世后利用遗嘱中的遗产所属权逼自己的儿子与另一位知名葡萄酒评论家进行品酒较量，并找出他描述的12款酒，赢了才可以获得他的亿万家产。其实就是在讲他的儿子是如何从一个憎恨葡萄酒的人变成一位葡萄酒专家的故事。漫画中对葡萄酒的描述诗情画意，让人不禁心向往之。虽然这是一部漫画，但是里面关于葡萄酒方面涉及的知识还是非常广泛而且有深度的。如果是对葡萄酒不了解的人看了这套漫画，很可能因为这套书开始对葡萄酒充满好奇，希望了解更多的关于葡萄酒的知识，进而去阅读一些专业性更强的书籍。

《恋恋葡萄酒》

了解葡萄酒之后要开始慢慢地去欣赏葡萄酒、享受葡萄酒了，体会葡萄酒与生活之间的关系，这时读读《恋恋葡萄酒》可以将葡萄酒的内涵体会升到更高一层——从学习和了解提升到去体会去享受葡萄酒，去摸索如何让葡萄酒点缀你的生活。《恋恋葡萄酒》由一篇篇小段散文组成，也是一篇篇品酒者对于葡萄酒的体会，值得一读。

《葡萄酒史八千年》

作者奥兹·克拉克（Oz Clarke）是英国久负盛名的葡萄酒专家，个人觉得非常值得一看。作者按照时间顺序从公元前6000年开始写到今日，几乎囊括了所有葡萄酒有关的大事件，包括影响葡萄酒发展进程的历史事件与人物。让读者可以"一站式"了解葡萄酒的历史、文化及其相关技术的演变过程，介绍得非常详细，还介绍了很多有趣、有用，但却鲜为人知的"内幕"，可读性非常强。

《杯酒人生，葡萄酒的365天》

这本书的写法非常新颖，打破了葡萄酒书籍的固有布局，以每天一个主题的形式将各种葡萄酒知识融会贯通。随手翻开一页，都是一篇短小精彩的文章，轻松读完无负担，让聊天又增新话题。此书按照日历的格式编写，从周一到周日，每天都有对应的主题，比如葡萄品种、葡萄酒产区、葡萄与美食、葡萄酒旅游等，彼此之间并没有任何连贯性，所以在翻到下一页之前，你也不知道下页会写到哪里，让你在看书的时候总是充满着好奇心。

《罗宾逊品酒练习册》

作者简希斯·罗宾逊（Jancis Robinson）是享有国际声誉的葡萄酒权威大师，曾任英国葡萄酒与烈酒教育基金会（WSET）主席，是很多专业葡萄酒教科书的作者。这本葡萄酒品尝指南是写给每一个想要学会享受葡萄酒的人，内容包括学会品尝、品酒环境、白葡萄、红葡萄、加烈酒、起泡酒以及美酒搭配美食。每一章节又分为理论和练习两部分。虽然这些练习大部分都是在酒杯中完成的，但你也会被要求做一些其他的练习，比如品尝牙膏的味道或者用茶杯来品尝葡萄酒。书中也会告诉你葡萄酒是如何酿成的，解释诸如天气以及酒瓶大小这些不同的因素是如何影响到葡萄酒的最终味道，教你如何能够从品尝葡萄酒中得到乐趣。

《葡萄酒这点事儿》

葡萄酒是流动的历史，历史是陈年的葡萄酒。这是一部由郭明浩（葡萄酒行业内都称其为郭校长）出版的一本书，是郭校长从业16年的积累，专业却不说教，轻松又有深度地讲述葡萄酒历史文化。书中讲述了一些主要葡萄酒生产国家的历史进程和这些历史事件对于这个国家乃至整个世界葡萄酒行业的重要影响。内容让人耳目一新，读后会发现原来很多我们熟悉的历史大事件居然都和葡萄酒有关系或是对葡萄酒的文化发展造成了影响。读后让人更了解了历史，也更了解了葡萄酒。

还有很多专业类的好书，比如《法国人的酒窝》《世界葡萄酒地图》《在那葡萄变成酒的地方》《深度品鉴葡萄酒》等都是非常专业、实用的葡萄酒书籍。有兴趣的朋友，可以多买些专业性的书籍来学习。

参加葡萄酒知识培训 🍷—-

在北京、上海、广州、深圳这样的一线城市，几乎每周都有公开的葡萄酒讲座类活动，一些二三线城市，也会有一些这样的活动，当然，有些办讲座的公司是为了收取费用赚钱，有些讲座是公司为了间接宣传自己的葡萄酒，有些讲座是为了让你继续深造学习报名更多的课程班，但是不管哪一种，如果是免费的或者是在经济条件允许的范围内，你都可以去参加，能了解更多的葡萄酒知识，品品酒，还可以多认识一些同样喜爱葡萄酒的朋友。

收藏自己出生年份的酒 🍷—-

作为葡萄酒爱好者，都希望可以收藏、饮用一瓶自己出生年份的葡萄酒，听起来好像不是很难，但事实上也并不是那么容易做到的。且不说如今很多葡萄酒爱好者都是50后、60后、70后，就是现在刚入社会不久的90后，想要在市面上寻找一瓶和自己同年出生的葡萄酒也是不容易的。

现在市面上葡萄酒的主要年份在2000年以后，中等价位的酒更是在2008年以后居多，原因很简单，并不是每种酒都有那么多年的陈年潜力，其次，就算有陈年潜力的，也不是每一种都还在市面上流通的。常见的能购买到的年份酒一般都是法国列级酒庄的酒，且越是老年份的酒价格越贵，有想法要收藏与自己出生年份相同酒的人最少也有20岁了，现在去找20岁的列级酒庄酒价格是相当不菲，尤其是对于那些1982年出生的人！所以，与其寻而不得，不如有了这个意识后，为我们的下一代收藏他们出生年份的酒吧，等他成年以后作为礼物送给他们，也是一件很有意义的事情。

选择葡萄酒的 N 个理由

为什么选择葡萄酒？太多人问过我这个问题了，而这真的是一个很长的故事，没有办法一句两句说明白，因为并不是我一时的决定，也并不是某一个原因导致我喜欢葡萄酒的。

第一次认识Wine（葡萄酒）这个单词，是在我18岁那年，当时我在澳大利亚上11年级，准备出国留学。由于国外这一年开始做高考准备，也要开始想大学的专业，我们每个人都有一本大学的科目列表，表上列有各个大学各个专业的高考要求分数和高中的必修课程。不夸张地说，那个表我看了不下50遍，因为当时我很矛盾，不知道应该学什么，列表是按照英文字母的顺序排列的，wine marketing（葡萄酒市场学）这个专业，是最后一项。但当时我并不认识wine这个单词，由于每一次我浏览时的最后一眼，都会落在这个wine marketing上，终于我实在是觉得wine这个单词碍眼，拿起字典一查，原来是葡萄酒的意思，当时心里的感觉是新奇和可笑，我记得我的第一个想法是：有意思，居然有这个学科，真的会有人学吗？从此我知道了阿德莱德大学的这个专业。

我第一次对葡萄酒感兴趣是朋友18岁生日那天，澳大利亚规定18岁以下不可以买酒，所以作为生日礼物，我决定给她买瓶酒。当时心里并没有想要买葡萄酒，只不过走进酒专卖店后放眼望去，95%都是葡萄酒，要想找到啤酒什么的也挺不容易的，所以我就近选了一瓶44.95澳元的红葡萄酒。当时我对葡萄酒一无所知，面对上百个牌子，完全不知道该怎么选择，最后挑了一个商标看起来比较高档的买了。

过生日那天大家把酒倒好，刚刚喝了一口，我对面的一个男生就很惊讶地抬头看看我说："呀，这酒不错啊，真不错。"我当时心里很开心，然而他接下来的一句话让我很吃惊，他说："这酒怎么也得40多吧？"我当时实在是太惊讶了，因为我记得买酒的时候，店里边的葡萄酒从3澳元到100多澳元，什么价位的都有，他怎么能喝一口就知道这么准确的价钱呢？

　　跟他相处了一段时间之后，发现他是一个很幽默、开朗，非常活泼的男孩，但是他每晚都要喝一瓶红葡萄酒。记得有一次，半夜一点左右我不见他人，后来发现他一个人抱着一瓶红葡萄酒（他喝酒都不用杯子），静静地坐在公寓外的台阶上，整个世界仿佛都已经睡去，月光下他完完全全变成了另外一个人，那么深沉，那么安静。他看到我并没有邀请我坐下，却说了句："澳大利亚的红葡萄酒，一开始你可能会不习惯，但是习惯了你会离不开它，我现在每天必须喝一瓶。"然后他接着喝起来。

　　如果之前他猜到葡萄酒的价格让我惊讶，这一次则让我开始对葡萄酒感到好奇，为什么它会有这样的魔力，让人离不开，让一个活泼好动的男孩可以呈现如此感性的一面。

　　而让我最难忘的是南澳车牌的设计。澳大利亚所有车牌在最下边都会写上该车的省份名，比如说维多利亚、西澳，其他地区都是这样的，然而南澳的车牌，居然写的是葡萄酒省！车牌号上边还有几片葡萄藤叶和两串葡萄。这个发现更让我开始对葡萄酒产生兴趣，南澳的葡萄酒到底好到什么程度，到底有什么特别。这些疑问让我回过头来想起来阿德莱德大学的wine marketing专业。

　　带着这些疑问，我找到了这个系的一位教授，他用了大概2小时的时间给我讲解，从整个世界的葡萄酒现状到澳大利亚的葡萄酒地位，最后到这个学校这个专业的世界地位，从他的字字句句中我可以感受到他对澳大利亚葡萄酒的爱，对这个专业的信心，当时的我被他说的晕晕乎乎的，离开时我的印象就是，澳大利亚葡萄酒就是世界上最好的葡萄酒，南澳又是澳大利亚葡萄酒最好的省份，阿德莱德大学的这个系就是世界上最好的葡萄酒学院。既然我处于这么好的葡萄酒资源中，为什么不好好利用一下？

　　于是报专业时，我义无反顾地选择了这个专业。这一举动后，连向来看我不顺眼的女生都团结到劝说我的行列中去了，先是我的高中老师，找我谈了多次话，再是我的父母，对我先斩后奏表示很气愤，对于我的选择表示非常的不理解，之后是教育部主管，还特地请我吃了顿饭来劝我改专业，可惜我饭是吃了，但心意未变。再下来就是我的那帮狐朋狗友和一些曾经以身试法过的人，说这个专业多难多难，说没有中国人学下来过，说我就没长那个舌头。唉，他们太不了解我了，我向来是软硬不吃，不让别人的意见来左右自己的决定。

　　不过这个专业的确很难倒是真的，记得第一堂正式上课，我都怀疑自己是不是真的学过英语，怎么一句话都听不懂，完全不知道老师在那讲什么。不过我并不担心，这种情况在高中第一次学会计，第一次学营养，第一次学经济的时候都发生过，几个生词而已嘛，翻来覆去用用就懂了。

　　让我印象深刻的是品酒课，学的时候非常有意思，大家一大早上就聚集在一起，一瓶一瓶地品，相互探讨，谈论自己对这个酒的感觉，记得自己很幸运，旁边坐的是一个读研究生的美国人，他之前有过7年的品酒工作经验。然而考试就没这么轻松了，我们三个星期的品酒课，六次考试，难度逐一递增，其中一个不及格的话，整个学期就不用往下学了，无论论文多好，考试分数多高，这科都得重修，所以大家还得很严肃的。

　　记得第一次品酒考试，卷子一发下来我就傻了，头几个问题还好，最后一个问题是要求品出每一瓶酒是什么葡萄品种酿造的。我正不知所措呢，旁边的美国同学又给了我强烈的打击。他连喝都没喝，只是把酒往前倾斜了一点，看了看，就放回原位了，然后落笔答卷。我是又看又闻又品了半天才能搞定一个，等我搞定一个的时候，他已经答完了，这就是差距啊！！！大二一开学，外国人没了一半，中国人七个消失了六个，只剩下我一人，我感觉很可惜，记得其中有一个中国人是山东的，而且他的名字居然就叫张裕，唉，不学葡萄酒真是可惜了。

　　综上所述，我的选择不是偶然的，也不是一时冲动，所以也没有办法用一句话表达清楚，就像是命中注定的。记得有一次陪朋友去玩塔罗牌，我也跟着玩，结果被算出来我是天蝎座做葡萄酒的，当然他说的是饮食方面的工作，可能因为那张牌上边画的是一瓶葡萄酒和一个盘子。不过，我选择性地没看见那个盘子。